河北坝上闪电河国家湿地公园管理处　主编

闪电河湿地

鸟类图谱

中国林業出版社

图书在版编目(CIP)数据

闪电河湿地鸟类图谱 / 河北坝上闪电河国家湿地公园管理处主编. -- 北京 : 中国林业出版社, 2022.7
ISBN 978-7-5219-1751-2

Ⅰ. ①闪… Ⅱ. ①河… Ⅲ. ①沼泽化地—国家公园—鸟类—沽源县—图集 Ⅳ. ①Q959.708-64

中国版本图书馆CIP数据核字(2022)第110790号

中国林业出版社 · 自然保护分社
策划编辑：肖 静
责任编辑：袁丽莉 肖 静

出版 中国林业出版社（100009 北京市西城区刘海胡同 7 号）
http://www.forestry.gov.cn/lycb.html 电话：（010）83143577
发行 中国林业出版社
印刷 北京中科印刷有限公司
版次 2022 年 7 月第 1 版
印次 2022 年 7 月第 1 次印刷
开本 787mm × 1092mm 1/16
印张 16.25
字数 262 千字
定价 128.00 元

《闪电河湿地鸟类图谱》编写委员会

顾　　问：秦　飞　任　强　张佳宁　张　海　王建林

特邀顾问：洪剑明　孟德荣

主　　任：聂　明

副 主 任：郭建林　李树军

主　　编：黄旭新　崔建军

副 主 编：刘世超　陆　龙

编　　委：宫彦军　杨延斌　黄彦伟　王泽民

　　　　　岳晓敏　白晓鸣　刘志哲　范剑萍

参编人员：王鸿儒　侯慧娟　王秀琴　胡浩宇

　　　　　刘建鹏　梁梦宇　刘晓洁　陈泽东

　　　　　刘玉龙

序 言

河北坝上闪电河国家湿地公园位于张家口市沽源县，南靠燕山山脉和太行山脉，北面草原，自古是农耕文明和草原文明交汇的关键区域，也是东亚—澳大利西亚迁飞区水鸟必不可少的栖息地。许多候鸟北上穿越荒漠或者南下翻越燕山之前，均选择闪电河湿地作为漫长迁徙旅行的一个重要驿站。因此，闪电河湿地素有“燕赵最美湿地”的美誉。闪电河湿地面积为4119.9公顷，为白枕鹤、灰鹤、蓑羽鹤、鸿雁等全球受胁或者国家重点保护野生动物提供了优良的迁徙停歇地，也为雕鸮、短耳鸮、秃鹫等冬候鸟提供了越冬地，还为黑翅长脚鹬、斑嘴鸭、白额燕鸥等夏候鸟提供了繁殖地。丰富的湿地资源和生物多样性，都证明闪电河湿地达到了国际重要湿地的标准。

河北坝上闪电河国家湿地公园管理处开展了十余年的鸟类监测和调查工作，在扎实工作的基础上最终呈现出这样一本内容丰富的《闪电河湿地鸟类图谱》。本书记录了闪电河湿地的常见鸟类，包括白鹤、白枕鹤等多种珍稀濒危物种。每种鸟类都对应多张精美的图片，能作为闪电河湿地鸟类的鉴别对照，也能让公众特别是当地居民更加了解以闪电河为家的鸟类的生活状态，包括鸟类在闪电河湿地出现的时间、是繁殖还是越冬、栖息的生境类型等，让读者在欣赏这些美丽鸟类的同时，也对它们的生活史及其栖息地有一定的认识。《闪电河湿地鸟类图谱》的出版是河北坝上闪电河国家湿地公园管理处多年工作的积累和总结，希望以此为契机，进一步提升公园管理处的能力建设水平，提升闪电河湿地的保护与管理成效，帮助公众了解湿地、热爱湿地，并积极参与到湿地家园的保护中来。

水鸟的迁徙之路，连接人与水鸟，亦是连接极地与热带，连接草原、农田与城市，更是连接迁飞区内22个国家的重要纽带。人类和众多生物生活在同一个地球村，生活在历史与现实交汇的同一个时空里，逐渐成为你中有我、我中有你的命运共同体。让我们携手前行，保护迁飞候鸟和我们共同依赖的湿地，共建人与自然共生共荣的和谐家园。

2022年6月

前 言

湿地有着“地球之肾”的美称，是鸟类赖以生存的家园。闪电河湿地位于素有“三河之源”之称的河北省张家口市沽源县境内，地处华北平原向内蒙古高原过渡隆起带，有山地、丘陵、沼泽和沼泽化草甸、河流、湖泊、库塘等各类资源，形成了较为完整的生态系统和生境条件，孕育了丰富的生物资源和典型多样的生物群落，不但是草原生物的富集地，而且是我国3条主要鸟类迁徙路线的东部通道，是东亚—澳大利西亚鸟类迁徙通道的重要组成部分，是鸟类迁徙路途中的重要中转地和觅食地。

2009年，河北省林业调查规划设计院在闪电河湿地开展了第一次鸟类资源本底调查，共发现鸟类176种。自2011年河北坝上闪电河国家湿地公园管理处成立以来，管理处认真开展湿地保护和鸟类监测工作。随着生态环境的改善，鸟类的种类和数量不断增加。在迁徙季节，鸟类总数有2万只以上，鸿雁、遗鸥、白枕鹤、大鸨、小天鹅及灰鹤数量均达到该物种或亚种全球数量的1%。记录数据最大的大鸨种群达到59只，最小的种群也有10只左右。在繁殖季节，草原湖鸟岛上有几千对鸟繁殖，主要有棕头鸥、普通燕鸥、环颈鸻、黑翅长脚鹬等20多种。鹤类是闪电河湿地的代表性种群之一，卫星跟踪数据显示，闪电河湿地是鹤类南迁北归的重要停歇地，全球15种、中国9种鹤类中，在闪电河湿地内就记录到6种——丹顶鹤、白枕鹤、白头鹤、白鹤、灰鹤、蓑羽鹤。为了更好地掌握现有鸟类情况，2022年，管理处与沧州师范学院合作对鸟类资源进行调查，通过调查和历年的监测记录，共记录鸟类221种，基本摸清了闪电河湿地鸟类资源状况。

为了直观地反映闪电河湿地鸟类居留、迁徙状况，结合调查以及监测情况，我们编写了《闪电河湿地鸟类图谱》。《闪电河湿地鸟类图谱》以郑光美院士主编的《中国鸟类分类与分布名录》（第三版）为系统分类对标，共收集闪电河湿地有记录的鸟类20目49科221种。书中对各鸟种的形态特征、生活习性、分布状况、保护级别进行了简单描述，并配有在闪电河湿地拍摄的最大可能体现鸟类的外部形态特征或鉴别特征的照片。

在本书编写过程中，鸟类专家孟德荣教授对鸟种照片进行了鉴定，并提出了诸多宝贵意见和建议；国家林业和草原局、中国野生动物保护协会、河北省林业和草原局给予了大力支持；沽源县委、县政府给予了资金支持。在此一并感谢！

由于编者水平有限，本书难免有疏误之处，敬请各位专家学者批评指正。

编者

2022年6月

目 录

鸨形目 OTIDIFORMES

鸻形目 CHARADRIIFORMES

沙鸡目 PTEROCLIFORMES

鸽形目 COLUMBIFORMES

鹃形目 CUCULIFORMES

鸮形目 STRIGIFORMES

夜鹰目 CAPRIMULGIFORMES

佛法僧目 CORACIIFORMES

犀鸟目 BUCEROTIFORMES

啄木鸟目 PICIFORMES

雀形目 PASSERIFORMES

索　引

PODICIPEDIFORMES

·䴙䴘目·

本目为中小型游禽。嘴细直而尖；翅短圆，尾羽均为短小绒羽；脚位于身体的后部，跗蹠骨侧扁，前趾具瓣状蹼。善游泳，以鱼类和水生昆虫为食。中国有1科5种，闪电河湿地有1科5种。

鸊鷉科

小鸊鷉

学　名：*Tachybaptus ruficollis*

英文名：Little Grebe

形态特征：体长25～29厘米。夏羽：上体黑褐色，下体偏灰色，下喉和颈侧红栗色，嘴黑色，直且尖，嘴基部有明显的米黄色。冬羽：上体灰褐色，下体白色，嘴呈土黄色。

生活习性：栖息于湖泊、水塘、水渠、池塘和沼泽地带，也见于水流缓慢的江河和沿海芦苇沼泽中。通常单独或成分散小群活动。以水生昆虫及其幼虫、鱼、虾等为食。

分布状况：见于各省。在闪电河湿地见于4～10月。

崔建军/摄

赵永春/摄

陈明/摄

吴振河 / 摄

吴振河 / 摄

吴振河 / 摄

䴙䴘科

黑颈䴙䴘

学　名：*Podiceps nigricollis*

英文名：Black-necked Grebe

形态特征：体长25～34厘米。夏羽：颈和上体黑色，腹侧红褐色，下体白色，眼后有呈扇形散开的金黄色饰羽。冬羽：头顶、后颈和上体黑褐色，颏、喉和两颊灰白色，其余下体白色，胸侧和两胁杂有灰黑色，无眼后饰羽。

生活习性：栖息于内陆淡水湖泊、水塘、河流及沼泽地带。成群在淡水或咸水上繁殖，冬季结群于湖泊及沿海等地。主要以水生无脊椎动物为食，偶尔也吃少量水生植物。

分布状况：除海南外，见于各省。在闪电河湿地见于4～10月。

保护级别：国家二级重点保护野生动物。

鸊鷉科

凤头鸊鷉

学　名：*Podiceps cristatus*

英文名：Great Crested Grebe

陈明/摄

形态特征：体长47～52厘米。夏羽：头侧至颏部白色，前额至头顶黑色且具2束黑色冠羽，耳区至头顶及喉有醒目的由红褐色饰羽形成的皱领，后颈至背黑褐色，前颈、胸、腹白色，两胁棕褐色。冬羽：较夏羽暗，头顶冠羽短而不明显，皱领消失。

生活习性：主要栖息在开阔的湖泊、江河、水塘、水库、沼泽地带和海湾，极善水性，以昆虫及其幼虫、甲壳类动物、软体动物等水生无脊椎动物为食，偶尔也吃少量水生植物。

分布状况：除海南外，见于各省。在闪电河湿地见于4～10月。

陈明/摄

陈明/摄

䴙䴘科

角䴙䴘

学　名：*Podiceps auritus*

英文名：Horned Grebe

形态特征：体长31～39厘米。夏羽：头部、后颈和背部为黑色，前颈、颈侧、胸部和体侧是栗红色；下嘴的基部到眼睛有一条淡色的纹；眼睛里的虹膜为红色，从眼睛前面开始向眼后方的两侧各有一簇金栗色的饰羽丛伸向头的后部。冬羽：头顶、后颈和背黑褐色；颏、喉、前颈、下体和体侧白色，具白色翼镜。

生活习性：主要栖息在开阔平原上的湖泊、江河、水塘、水库和沼泽地等环境中。以各种鱼类、蛙类、蝌蚪等为食，也吃水生昆虫、甲壳类动物和软体动物等水生无脊椎动物，偶尔还吃一些水生植物。

分布状况：分布于黑龙江、辽宁、河北、河南、山东、陕西、内蒙古、新疆、四川、湖北、江西、上海、浙江、福建、香港、台湾。在闪电河湿地见于4～10月。

保护级别：国家二级重点保护野生动物。

崔建军/摄

鸊鷉科

赤颈鸊鷉

学　名：*Podiceps grisegena*

英文名：Red-necked Grebe

形态特征：体长45~48厘米。雌雄相似。虹膜褐色。嘴黑色，基部黄色。跗跖黑色，内侧微缀有一点黄绿色。夏羽：头顶、两簇短冠羽黑色，颊及喉灰白色，前颈、上胸栗红色，后颈及背灰褐色，胸、腹白色。冬羽：头顶黑色，头侧及喉白色，前颈灰褐色，后颈及背部黑褐色，腹白色，翼前后羽缘白色。

生活习性：栖息于内陆淡水湖泊、沼泽及沿海海岸、河口地区。性机警，行动谨慎，活动时多远离岸边。以各种鱼类、蛙、蝌蚪、昆虫及其幼虫、软体动物等为食。

分布状况：分布于黑龙江、吉林、辽宁、北京、天津、河北、山东（东部）、内蒙古（东部和北部）、甘肃、新疆、江西、浙江、福建、广东（东部）。在闪电河湿地见于6~9月。

保护级别：国家二级重点保护野生动物。

崔建军/摄

崔建军/摄

SULIFORMES

·鲣鸟目·

本目为大中型海洋性鸟类。体羽主要为黑白色和褐白色；嘴粗壮，长而尖，呈圆锥形；翅窄，长而尖；尾楔形，趾尖具全蹼足。善游泳，以鱼类、软体动物为食。中国有3科11种，闪电河湿地有1科1种。

鸬鹚科

普通鸬鹚

学　名：*Phalacrocorax carbo*

英文名：Great Cormorant

形态特征：体长72～87厘米。通体黑色，头颈具紫绿色光泽，两肩和翅具青铜色光彩，嘴角和喉囊黄绿色，眼后下方白色。繁殖期间脸部有红色斑，头颈有白色丝状羽，下胁具白斑。

生活习性：栖息于河流、湖泊、池塘、水库、河口及其沼泽地带。常成小群活动。以各种鱼类为食。

分布状况：见于各省。在闪电河湿地见于4～10月。

PELECANIFORMES

·鹈形目·

本目为中大型涉禽。雌雄同色；上嘴具鼻沟，嘴长、腿长、颈长；翼宽阔，尾羽较短；一些种类飞行时脖子弯曲。多生活在水边，以小鱼、昆虫、蛙等动物性食物为食。中国有3科35种，闪电河湿地有2科9种。

崔建军/摄

鹭科

苍鹭

学　名：*Ardea cinerea*

英文名：Grey Heron

赵永春/摄

崔建军/摄

形态特征：体长80～100厘米。头、颈、脚和嘴均长。头顶中央和颈白色，头顶两侧和枕部黑色，头顶具2根长辫状黑色冠羽，前颈中部有2～3列纵行黑斑。上体自背至尾上覆羽苍灰色，尾羽暗灰色，两肩有长尖而下垂的苍灰色羽毛。胸、腹白色，前胸两侧各有一块大的紫黑色斑。

生活习性：栖息于江河、溪流、湖泊、水塘、海岸等水域岸边及其浅水处。成对或成小群活动，迁徙期间和冬季集成大群，有时亦与白鹭混群。主要以鱼、蛙、甲壳类、蝗虫等为食。

分布状况：见于各省。在闪电河湿地见于4～10月。

张岩/摄

张岩/摄

鹭科

草鹭

学　名：*Ardea purpurea*
英文名：Purple Heron

形态特征：体长83～97厘米。头顶蓝黑色，枕部具2根黑灰色饰羽。眼周裸皮黄绿色。颈细长，栗褐色，两侧具蓝黑色纵纹。胸蓑羽、背蓑羽灰色，肩最长蓑羽棕色。背部暗灰色，肩羽栗褐色，胸及腹部中央铅灰色，两侧暗栗色。

生活习性：栖息于开阔平原和低山丘陵地带的湖泊、河流、沼泽、水库和水塘岸边及其浅水处。彼此分散开单独或成对活动和觅食，休息时则多聚集在一起。主要以小鱼、蛙、甲壳类、蜥蜴、蝗虫等动物性食物为食。

分布状况：除新疆、青海、西藏外，见于各省。在闪电河湿地见于4～10月。

崔建军/摄

赵永春/摄

鹭科

池鹭

学　名：*Ardeola bacchus*

英文名：Chinese Pond Heron

形态特征：体长47～54厘米。嘴粗直而尖，黄色，尖端黑色，脸、眼周裸皮黄绿色。夏羽：头、羽冠、后颈、颈侧和胸栗红色，肩背有长的蓝黑色蓑羽向后延伸至尾羽末端，两翅、尾、腹部白色。冬羽：头、颈具有黄褐色条纹，背和肩羽较夏羽短，颜色为暗黄褐色，翅白色。

生活习性：栖息于稻田、池塘、沼泽、湖泊以及水库湿地等处。喜单只或成3～5只小群活动，性胆大，不甚畏人。以鱼类、蛙、昆虫为食。

分布状况：除黑龙江外，见于各省。在闪电河湿地见于4～10月。

赵永春/摄

崔建军/摄

鹭科

夜鹭

学　名：*Nycticorax nycticorax*

英文名：Black-crowned Night Heron

形态特征：体长46～60厘米。体形较粗胖，颈较短。嘴尖细，微向下曲，黑色。脚和趾黄色。眼先裸露部分黄绿色。头顶至背黑绿色具金属光泽，上体其余部灰色，下体白色。枕部披有2～3枚长带状白色饰羽，极为醒目。

生活习性：栖息于平原和低山丘陵地区的溪流、水塘、江河、沼泽和水田地上。喜结群。主要以鱼、蛙、虾、水生昆虫等动物性食物为食。

分布状况：见于各省。在闪电河湿地见于4～10月。

[illegible]/摄

赵永春 /摄

赵永春 /摄

鹭科

白鹭

学　名：*Egretta garzetta*

英文名：Little Egret

形态特征：体长55~65厘米。嘴黑色，脚、腿黑色，趾黄绿色。体形纤瘦，全身白色。夏羽：枕部有2根细长饰羽，前颈和背具有长的蓑羽，眼先裸皮粉红色。冬羽：饰羽及蓑羽脱落，眼先裸皮黄绿色。

生活习性：栖息于平原、丘陵和低海拔的湖泊、沼泽地带与滩涂地。喜集群。以小鱼、虾、鞘翅目及鳞翅目幼虫、水生昆虫等动物性食物为食，也吃少量谷物等植物性食物。

分布状况：分布于吉林、辽宁、北京、天津、河北、山东、河南、陕西、内蒙古、宁夏、甘肃（南部）、新疆、西藏（东南部）、青海、云南、四川、重庆、贵州、湖北、湖南、安徽、江西、江苏、上海、浙江、福建、广东、广西、海南、香港、澳门、台湾。在闪电河湿地见于4~10月。

崔建军/摄

崔建军/摄

鹭科

牛背鹭

学　名：*Bubulcus ibis*

英文名：Cattle Egret

形态特征：体长49～52厘米。体较肥胖，喙和颈较短粗。夏羽：大都白色；头和颈橙黄色，前颈基部和背中央具羽枝分散成发状的橙黄色长形饰羽；前颈饰羽长达胸部，背部饰羽向后长达尾部，尾和其余体羽白色。冬羽：通体全白色，个别头顶缀有黄色，无发丝状饰羽。

生活习性：栖息于平原、草地、牧场、湖泊、水库、水田、池塘、沼泽等地带。多成对或成群活动。以黄鳝、蛙、蜘蛛及蝗虫等为食。

分布状况：除宁夏、新疆外，见于各省，在闪电河湿地见于4～10月。

崔建军/摄

陈明/摄

鹭科

大麻鳽

学　名：*Botaurus stellaris*

英文名：Eurasian Bittern

形态特征：体长59～77厘米。嘴粗而尖，黄褐色，脚黄绿色。身较粗胖，颈、脚较粗短。头顶黑褐色，背黄褐色，具黑褐色斑点，下体淡黄褐色，具黑褐色纵纹。

生活习性：栖息于河流、湖泊、池塘边的芦苇丛。除繁殖期外，常单独活动，秋季迁徙季节也集成5～8只的小群。主要以鱼、虾、蛙、蟹、螺、水生昆虫等动物性食物为食。

分布状况：除西藏、青海外，见于各省。在闪电河湿地见于4～10月。

崔建军/摄

陈明/摄

鹭科

黄斑苇鳽

学　名：*Ixobrychus sinensis*
英文名：Yellow Bittern

形态特征：体长30～37厘米。嘴峰黑褐色，两侧和下嘴黄褐色；跗跖和趾黄绿色。雄鸟：额、头顶、枕部和冠羽铅黑色，颈部及胸部土黄色，腹白色，两翼黑色且具近白色的大斑块。雌鸟：头顶为栗褐色，具黑色纵纹，上体具褐色纵纹，下体黄褐色，略具纵纹，翼褐色且具皮黄色块斑。
生活习性：栖息于平原和低山丘陵地带富有水边植物的开阔水域以及草地和灌丛中。常单独或成对活动。主要以小鱼、虾、蛙、水生昆虫等动物性食物为食。
分布状况：除新疆、西藏、青海外，见于各省。在闪电河湿地见于4～10月。

李成国/摄

鹮科

白琵鹭

学　名：*Platalea leucorodia*

英文名：Eurasian Spoonbill

陈明/摄

形态特征：体长79～88厘米。嘴长而直，上下扁平，前端扩大呈匙状，黑色，端部黄色。脚较长，黑色，胫下部裸出。夏羽：全身白色，头后枕部具橙黄色的发丝状羽冠，前颈下部具橙黄色颈环，颏和上喉裸露无羽、橙黄色。冬羽和夏羽相似，但头后枕部无羽冠，前颈下部亦无橙黄色颈环。

生活习性：栖息于沼泽地、河滩、苇塘、海滨潮间带滩涂等处。常成群活动，偶尔见单只。性机警畏人，很难接近。涉水啄食小型动物，有时也食水生植物，以虾、蟹、水生昆虫、甲壳类、软体动物等为食。

分布状况：见于各省。在闪电河湿地见于4～10月。

保护级别：国家二级重点保护野生动物。

崔建军/摄

ANSERIFORMES

·雁形目·

本目为中大型游禽。体形大小不一，有的头上具羽冠；嘴多为扁平，尖端具角质嘴甲；颈大多细长，翼窄而尖，脚短，尾短。善游泳和飞行，多为杂食性。中国有1科56种，闪电河湿地有1科26种。

鸭科

小天鹅

学　名：*Cygnus columbianus*

英文名：Tundra Swan

崔建军/摄

形态特征：体长110～130厘米。两性同色，雌体略小，成鸟全身羽毛白色，仅头顶至枕部常略沾棕黄色，嘴端黑色，嘴基黄色，嘴上黑斑大、黄斑小，黄斑仅限于嘴基两侧，沿嘴缘不前伸于鼻孔之下。幼鸟全身淡灰褐色，嘴基粉红色，嘴端黑色。

生活习性：主要栖息于开阔的湖泊、水塘、沼泽、水流缓慢的河流、邻近的苔原低地和苔原沼泽，以及盐田、海湾和农田地上。性喜集群。主要以水生植物的根、茎、叶和种子等为食，也吃少量软体动物、水生昆虫和其他小型水生动物。

分布状况：分布于黑龙江、吉林、辽宁、北京、天津、河北、山东、河南、山西、内蒙古、宁夏、甘肃、新疆（西北部）、云南、四川、贵州、湖北、湖南、安徽、江西、江苏、上海、浙江、福建、广东、广西、台湾。在闪电河湿地见于3～5月和9～11月。

保护级别：国家二级重点保护野生动物。

崔建军/摄

陈明/摄

学　名：*Cygnus cygnus*

英文名：Whooper Swan

形态特征：体长120～160厘米。全身的羽毛均为雪白的颜色，虹膜暗褐色，嘴黑色，上嘴基部黄色，此黄斑沿两侧向前延伸至鼻孔之下，形成一喇叭形。

生活习性：栖息在开阔的、食物丰富的浅水水域中。性喜集群，胆小，警惕性极高。主要以水生植物叶、茎、种子和根茎为食，也吃少量动物性食物，如软体动物、水生昆虫和其他水生无脊椎动物。

分布状况：分布于北京、河北、山西、内蒙古、辽宁、吉林、黑龙江、上海、山东、河南、湖南、四川、云南、陕西、甘肃、青海、宁夏、贵州、安徽、湖北、江西、江苏、浙江、广西、新疆、香港、台湾。在闪电河湿地见于3～5月和9～11月。

保护级别：国家二级重点保护野生动物。

崔建军/摄

鸭科

鸿雁

学　名：*Anser cygnoid*

英文名：Swan Goose

崔建军/摄

形态特征：体长82~90厘米。雌雄相似。体色浅灰褐色，头顶到后颈暗棕褐色，前颈近白色，前颈与后颈间有一道明显的界限。嘴黑色，基部有白色细环。

生活习性：主要栖息于开阔平原和平原草地上的湖泊、水塘、河流、沼泽及其附近地区。性喜结群，以各种草本植物的叶和芽、藻类等植物性食物为食，也吃少量甲壳类和软体动物等动物性食物。

分布状况：除陕西、贵州、海南、西藏外，见于各省。在闪电河湿地见于3~5月和9~11月。

保护级别：国家二级重点保护野生动物。

杨德森/摄

陈明/摄

赵永春/摄

鸭科 灰雁

学　名：*Anser anser*

英文名：Greylag Goose

形态特征：体长70～90厘米。灰雁雌雄相似，雄雁略大于雌雁。头顶和后颈褐色。头侧、颏和前颈灰色。胸、腹污白色，杂有不规则的暗褐色斑，由胸向腹逐渐增多。两胁淡灰褐色，羽端灰白色，尾下覆羽白色。嘴和脚肉色。

生活习性：栖息在不同生境的淡水水域中。多成群活动。主要以各种水生和陆生植物的叶、根、茎、嫩芽、果实和种子等植物性食物为食，有时也吃螺、虾、昆虫等动物性食物。

分布状况：见于各省。在闪电河湿地见于4～5月和9～10月。

崔建军/摄

张岩/摄

鸭科

白额雁

学　名：*Anser albifrons*

英文名：Greater White-fronted Goose

形态特征：体长64～80厘米。嘴基与前额间有白色横纹，头、颈和背部羽毛棕黑色，羽缘灰白色。胸、腹部棕灰色，分布不规则的黑斑。嘴粉红色，基部黄色。脚橘黄色。

生活习性：栖息于湖泊、水塘、河流、沼泽、海湾、草地及农田等各类生境。喜群居。主要以植物性食物为食。

分布状况：分布于黑龙江、吉林、辽宁、北京、天津、河北、山东、河南、内蒙古、湖北、湖南、安徽、江西、江苏、上海、浙江、广东、广西、台湾。在闪电河湿地见于4～5月和9～10月。

保护级别：国家二级重点保护野生动物。

陈明/摄

鸭科

豆雁

学　名：*Anser fabalis*

英文名：Bean Goose

形态特征：体长71～81厘米。头部和颈部深褐色，上体棕褐色，带有淡淡的条纹。覆羽灰色，飞羽黑褐色。尾下覆羽及尾缘白色。嘴黑色，具橘黄色次端斑。脚橘黄色。

生活习性：主要栖息于开阔平原、草地、沼泽、水库、江河、湖泊及沿海海岸和附近农田地区。喜群居。以植物性食物为食。

分布状况：分布于黑龙江、吉林、辽宁、北京、天津、河北、山东、河南、内蒙古（东北部）、湖北、湖南、安徽、江西、江苏、上海、浙江、福建、广东、广西、海南、新疆、西藏、青海。在闪电河湿地见于3～5月和9～11月。

崔建军/摄

鸭科 / 斑头雁

学　名：*Anser indicus*

英文名：Bar-headed Goose

赵永春/摄

形态特征：体长67～85厘米。头顶白色，头后具2道黑色条纹，横贯枕部。后颈暗褐色，颈的两侧具白色纵纹。背部淡灰褐色，羽端沾棕色，形成鳞状斑，腹部白色。

生活习性：栖息于内陆苔原、湖泊和有草生长的心岛及海岸附近的草地。性极活泼，喜结群。以禾本科及莎草科青草、豆科植物种子为食，也食软体动物及其他小动物。

分布状况：分布于河北、山东、陕西（南部）、宁夏、甘肃、内蒙古（东北部）、青海、新疆（西部）、西藏、云南（东北部）、贵州（西部）、四川（西北部）、重庆、湖北、湖南（北部）、江西。在闪电河湿地见于3～5月和9～11月。

崔建军/摄

赵永春/摄

赵永春/摄

李成国/摄

赵永春/摄

鸭科／赤麻鸭

学　名：*Tadorna ferruginea*

英文名：Ruddy Shelduck

形态特征：体长51～68厘米。全身赤黄褐色，翅上有明显的白色翅斑和铜绿色翼镜。嘴、脚、尾黑色。飞翔时黑色的飞羽、尾、嘴和脚，黄褐色的体羽，白色的翼上和翼下覆羽形成鲜明的对照。成年雄鸟在夏季时有一黑色颈环。

生活习性：栖息于开阔草原、湖泊、农田及海滨沙滩等环境中。多以家族或小群活动，有时也结成数十只或上百只的大群，性机警。以各种谷物、昆虫、甲壳类动物、蛙、水生植物为食。

分布状况：除海南外，见于各省。在闪电河湿地见于4～10月。

鸭科

翘鼻麻鸭

学　名：*Tadorna tadorna*

英文名：Common Shelduck

李成国/摄

崔建军/摄

形态特征： 体长63～68厘米。体羽大都白色，头和上颈黑色，具绿色光泽。颈部较长。嘴向上翘，红色；繁殖期，雄鸟上嘴基部有一红色瘤状物。胸部有一条宽的栗色环带。肩羽、飞羽、尾羽末端以及腹中央纵带均为黑色。脚为红色。

生活习性： 主要在淡水湖泊、河流、盐田及海湾等湿地活动。冬季常数十至上百只结群活动。主要以水生昆虫及其幼虫、软体动物、小鱼和鱼卵等动物性食物为食，也吃植物叶片、嫩芽、种子和藻类等植物性食物。

分布状况： 除海南外，见于各省。在闪电河湿地见于4～10月。

崔建军/摄

陈明/摄

陈明/摄

陈明/摄

陈明/摄

鸭科

绿头鸭

学　名：*Anas platyrhynchos*

英文名：Mallard

形态特征：体长47～62厘米。雄鸟：头部和颈部的繁殖羽深绿色且具金属光泽，白色颈环，胸部栗色，尾部黑色，外侧尾羽白色，黑色的尾上覆羽向上卷曲，有时可见蓝色翼镜。雌鸟：棕色具条纹，顶冠和过眼纹暗色，也有蓝色的翼镜。

生活习性：通常栖息于淡水湖畔，也成群活动于江河、湖泊、水库、海湾和沿海滩涂盐场等水域。常集成数十、数百甚至上千只的大群。以植物为主食，也吃无脊椎动物。

分布状况：见于各省。在闪电河湿地见于4～10月。

鸭科

针尾鸭

学　名：*Anas acuta*
英文名：Northern Pintail

形态特征：体长43~72厘米。虹膜褐色，嘴黑色，脚灰黑色。雄鸟：背部满杂以淡褐色与白色相间的波状横斑，头暗褐色，颈侧有白色纵带与下体白色相连，翼镜铜绿色，正中一对尾羽特别长。雌鸟：体形较小，上体大都黑褐色，杂以黄白色斑纹，无翼镜，尾较雄鸟短。

生活习性：栖息于各种类型的河流、湖泊、沼泽、盐碱湿地、水塘以及沿海地带和海湾等生境中。性喜成群，常成几十只至数百只的大群。主要以草籽和其他水生植物等植物性食物为食，也以水生软体动物和水生昆虫为食。

分布状况：见于各省。在闪电河湿地见于4~5月和9~10月。

崔建军/摄

陈明/摄

崔建军/摄

杨德森/摄

杨德森/摄

崔建军/摄

鸭科

绿翅鸭

学　名：*Anas crecca*

英文名：Green-winged Teal

形态特征：体长30~40厘米。雄鸟：头顶至颈部深栗色，头顶两侧从眼开始具绿色带延伸至颈侧，胸灰白色杂黑点斑，背、体侧灰色伴有细纹，翼镜金属绿色，尾侧覆羽黄色，尾下覆羽黑色且两侧各有一黄色三角形斑。雌鸟：背部暗褐色杂淡色“V”形斑，下腹及两肋具暗色斑点，尾下覆羽白色，翼镜金属绿色，翼镜前后缘白色。

生活习性：栖息于宽阔及水生植物茂密的小型湖泊、江河、港湾、沼泽及沿海地带。喜结群，冬季以植物性食物为食，其他季节也食软体动物、水生昆虫等小型无脊椎动物。

分布状况：见于各省。在闪电河湿地见于4~10月。

鸭科

斑嘴鸭

学　名：*Anas zonorhyncha*

英文名：Eastern Spot-billed Duck

赵永春/摄

形态特征：体长50～64厘米。雌雄羽色相似。嘴黑色，具橙黄色端斑。体色较深，从额至枕棕褐色，从嘴基经眼至耳区有一棕褐色纹。上背灰褐沾棕，具棕白色羽缘，下背褐色。尾部黑褐色。翼镜蓝绿色，具金属光泽。

生活习性：栖息于淡水湖畔，亦成群活动于江河、湖泊、水库、海湾和沿海滩涂盐场等水域。善于在水中觅食、戏水和求偶交配。以植物为主食，也吃无脊椎动物。

分布状况：见于各省。在闪电河湿地见于4～10月。

李成国/摄

陈明/摄

杨德森/摄

崔建军/摄

鸭科

赤颈鸭

学　名：*Mareca penelope*

英文名：Eurasian Wigeon

形态特征：体长46～52厘米。雄鸟：头和颈棕红色，额至头顶有一乳黄色纵带，背和两肋灰白色，有暗褐色波状细纹，翼镜翠绿色。雌鸟：上体大都黑褐色，翼镜暗灰褐色，上胸棕色，其余下体白色。

生活习性：栖息于江河、湖泊、水塘、河口、海湾、沼泽等各类水域中。多成群活动。主要以植物性食物为食。

分布状况：见于各省。在闪电河湿地见于4～5月和9～10月。

鸭科

赤膀鸭

学　名：*Mareca strepera*

英文名：Gadwall

陈明/摄

形态特征：体长44～55厘米。雄鸟：嘴黑色，脚橙黄色，上体暗褐色，背上部具白色波状细纹，腹白色，胸暗褐色且具新月形白斑，翅具宽阔的棕栗色横带和黑白二色翼镜，飞翔时尤为明显。雌鸟：嘴橙黄色，嘴峰黑色，上体暗褐色而具白色斑纹，翼镜白色。

生活习性：喜欢栖息和活动在江河、湖泊、水库、河湾、水塘和沼泽等内陆水域及盐田。常成小群活动，也喜欢与其他野鸭混群。食物以水生植物为主。

分布状况：见于各省。在闪电河湿地见于4～5月和9～10月。

赵永春/摄

崔建军/摄

杨德森/摄

杨德森/摄

鸭科

琵嘴鸭

学　名：*Spatula clypeata*
英文名：Northern Shoveler

形态特征：体长46～51厘米。具有先端扩大成铲状的嘴，形状特殊。雄鸟：头部暗绿色且具光泽，背黑色，背的两侧以及外侧肩羽和胸白色，翼镜金属绿色，腹和两肋栗色。雌鸟：略较雄鸟小，头、颈、胸、背黄棕色。

生活习性：栖息于江河、湖泊、水库、海湾和沿海滩涂盐场等水域。常成对或成3～5只的小群。主要以软体动物、甲壳类、水生昆虫、鱼、蛙等动物性食物为食，也食水藻、草籽等植物性食物。

分布状况：见于各省。在闪电河湿地见于4～5月和9～10月。

鸭科

白眉鸭

学　名：*Spatula querquedula*

英文名：Garganey

形态特征：体长34～41厘米。雄鸟：嘴黑色，头和颈淡栗色且具白色细纹，眉纹白色，宽而长，一直延伸到头后，胸棕黄色而杂以暗褐色波状斑，背棕褐色，两肩与翅为蓝灰色，肩羽延长成尖形，且呈黑白二色，两胁棕白色而缀有灰白色波浪形细纹，翼镜绿色，前后羽缘白色。雌鸟：上体黑褐色，下体白而带棕色，眉纹白色，但不及雄鸟显著。

生活习性：栖息于开阔的湖泊、江河、沼泽、河口、池塘、沙洲等水域中。常成对或成小群活动，迁徙和越冬期间亦集成大群。主要以水生植物的叶、茎、种子为食，也到岸上觅食青草和到农田地觅食谷物。

分布状况：见于各省。在闪电河湿地见于4～5月和9～10月。

杨德森/摄

崔建军/摄

杨德森/摄

杨德森/摄

赵永春/摄

鸭科

鹊鸭

学　名：*Bucephla clangula*

英文名：Common Goldeneye

形态特征：体长38～48厘米。雄鸟：头黑色，大而高耸，眼金黄色，嘴黑色，两颊近嘴基处有大型白色圆斑；上体黑色，颈、胸、腹、两胁和体侧白色。雌鸟：略小，头褐色，上体淡黑褐色，嘴黑色，先端橙黄色，眼淡黄色，颈基有白色颈环。

生活习性：主要栖息于平原森林地带中的溪流、水塘和水渠中以及以及河口、海湾和盐田。善潜水，一次能在水下潜泳30秒左右。食物主要为昆虫及其幼虫、蠕虫、甲壳类、软体动物、小鱼、蛙以及蝌蚪等。

分布状况：除海南外，见于各省。在闪电河湿地见于4～5月和10～11月。

鸭科

斑脸海番鸭

学　名：*Melanitta fusca*

英文名：Velvet Scoter

形态特征：体长51～58厘米。飞行时翅上翼镜为白色。雄鸟：全身披黑褐色羽毛，红嘴嘴基有黑色的肉瘤，眼后有一新月形白色斑。雌鸟：体羽暗褐色，上嘴基及耳部有一淡白色块斑，无肉瘤。

生活习性：栖息于海域、河口及海港。常集成大的群体，偶尔也有单只活动。主要以鱼类、水生昆虫、甲壳类、贝类等动物性食物为食，也食眼子菜和其他水生植物。

分布状况：分布于黑龙江、吉林、辽宁、北京、天津、河北、山东、河南、山西、陕西、内蒙古、新疆、四川（中部和东北部）、湖北、湖南、江西（北部）、江苏、上海、浙江、福建、香港。在闪电河湿地为迷鸟，偶见。

陈明/摄

陈明/摄

崔建军/摄

鸭科

鸳鸯

学　名：*Aix galericulata*

英文名：Mandarin Duck

形态特征：体长38～45厘米。雌雄异色。雄鸟：额、头顶深蓝绿色，头具艳丽的冠羽，白色眉纹后缘融入羽冠，翎领橙红色，胸黑色具两条白带，翼上具一对黄色扇状直立羽，嘴暗红色，尖端白色。雌鸟：头及背部灰色，眼周白色，后连一细的白色纹，胸、胁杂污白色轴纹，嘴褐色或粉红色，嘴基白色。

生活习性：主要栖息于河流、湖泊、水塘、芦苇沼泽和稻田地中。善游泳和潜水，除繁殖期外，常成群活动。主要以青草、树叶、草根、草籽、谷物等为食，也食蜗牛、小鱼、蛙及小昆虫等。

分布状况：除青海、西藏外，见于各省。在闪电河湿地见于4～5月和9～10月。

保护级别：国家二级重点保护野性动物。

鸭科

红头潜鸭

学　名：*Arthya ferina*

英文名：Common Pochard

杨德森/摄

形态特征：体长45～49厘米。雄鸟：头、上颈栗红色，下颈、胸黑色，背部灰色且具黑色波状细纹，腹、两胁白色，尾黑色。雌鸟：头及颈棕褐色，胸暗黄褐色，腹及两胁灰褐色且杂有浅色横斑，其余部分同雄鸟。

生活习性：栖息于水生植物丰富的湖泊、水库、水塘、河口和海湾等水域中。多成群活动，也和其他鸭类混群。性胆怯而机警。以水生植物为食，也食软体动物、甲壳类及水生昆虫等。

分布状况：除海南外，见于各省。在闪电河湿地见于4～10月。

杨德森/摄

崔建军/摄

赵永春/摄

鸭科

凤头潜鸭

学　名：*Arthya fuligula*

英文名：Tufted Duck

形态特征：体长37～44厘米。雄鸟：头带特长羽冠，亮黑色，腹部及体侧白色。雌鸟：深褐色，凤头较短，胸、两胁褐色，额基带白斑，腹灰白色且具淡褐色横斑。

生活习性：主要栖息于湖泊、河流、水库、池塘、沼泽、河口等开阔水面。杂食性，主要以水生植物以及鱼类、虾和贝类为食。

分布状况：见于各省。在闪电河湿地见于4～5月和9～10月。

鸭科

赤嘴潜鸭

学　名：*Netta rufina*

英文名：Red-crested Pochard

形态特征：体长45～55厘米。雄鸟：繁殖期有锈红色的头部，头冠色偏淡，嘴鲜红色，后颈、胸、腹部中央、尾上下覆羽黑色，尾羽灰色，胁部白色，上体棕色。雌鸟：具浅灰棕色的头冠和枕部，白色的脸部，其余的羽毛呈浅灰棕色。

生活习性：栖息在淡水湖泊及水流较缓的江河、河流与河口地区。善潜水。食物主要为水藻、眼子菜和其他水生植物的嫩芽、茎和种子，有时也到岸上觅食青草和其他禾本科植物种子或草籽。

分布状况：分布于北京、山东、河南、河北、陕西、内蒙古、宁夏、甘肃、新疆、西藏（南部）、青海、云南、四川（西部）、重庆、贵州、湖北（中部）、安徽、福建、广西、台湾。在闪电河湿地见于4～5月和9～10月。

赵永春/摄

崔建军/摄

鸭科

中华秋沙鸭

学　名：*Mergus squamatus*

英文名：Scaly-sided Merganser

形态特征：全长49~63厘米。嘴形侧扁，前端尖出。雄鸟：头部和上背黑绿色，下背、腰部和尾上覆羽白色，翅上有白色翼镜，头顶的长羽后伸成双冠状，胁羽上有黑色鱼鳞状斑纹。雌鸟：头和颈棕褐色，上体灰褐色，下体白色，肩和下体两侧具褐色鳞状斑。

生活习性：栖息于阔叶林及针阔混交林中多石的河谷、溪流、湖泊、水库及海岸附近水域中。成对或以家庭为群。潜水捕食鱼类。

分布状况：分布于黑龙江、吉林、辽宁、北京、天津、河北、山东、河南、陕西、内蒙古（东北部）、宁夏、甘肃、青海、云南（西北部）、四川、贵州、湖北、湖南、安徽、江西、江苏、上海、浙江、福建、广东、广西、台湾。在闪电河湿地为迷鸟，偶见。

保护级别：国家一级重点保护野生动物。

鸭科

斑头秋沙鸭

学　名：*Mergus albellus*

英文名：Smew

杨德森/摄

形态特征：全长41～45厘米。雄鸟：体羽以黑白色为主，头颈和下体白色，眼周、枕部、背黑色，腰和尾灰色，两翅灰黑色。雌鸟：额、头顶一直到后颈栗色，眼先和脸黑色，颊、颈侧、颏和喉白色，背至尾上覆羽黑褐色，肩羽灰褐色，前颈基部至胸灰白色，两胁灰褐色。

生活习性：栖息于森林或森林附近的湖泊、河流、水塘等水域中。善游泳和潜水。以鱼类、无脊椎动物和少量植物性食物为食。

分布状况：除海南外，见于各省。在闪电河湿地见于4～5月和10～11月。

保护级别：国家二级重点保护野生动物。

杨德森/摄

崔建军/摄

崔建军/摄

杨德森/摄

鸭科

普通秋沙鸭

学　名：*Mergus merganser*

英文名：Common Merganser

形态特征：体长63~68厘米。雄鸟：头和背黑色且具绿色金属光泽，枕部有短的黑褐色冠羽，下颈、胸以及下体和体侧白色，翅上有大型白斑，腰和尾灰色。雌鸟：头和上颈棕褐色，上体灰色，下体白色，具白色翼镜。

生活习性：主要栖息于森林和森林附近的江河、湖泊、河口、海湾、盐田地区，也栖息于开阔的高原地区水域。常成小群。食物主要为小鱼，也捕食软体动物、甲壳类、石蚕等水生无脊椎动物，偶尔也吃少量植物性食物。

分布状况：除青海、西藏、海南、香港外，见于各省。在闪电河湿地见于4~5月和10~11月。

ACCIPITRIFORMES

·鹰形目·

本目为猛禽。雌鸟体形较雄鸟大；嘴短而强健，呈钩状，嘴基被蜡膜；脚、趾强壮而粗大，具锐利而钩曲的爪。善飞行，以野兔、鼠类、昆虫和小鸟等为食。中国有2科55种，闪电河湿地有2科15种。

鹗科

鹗

学　名：*Pandion haliaetus*
英文名：Osprey

崔建军/摄

形态特征：体长51～64厘米。头部白色，头顶具有黑褐色的纵纹，枕部有个短的羽冠。头的侧面有一条宽阔的黑带，从前额的基部经过眼睛到后颈部，并与后颈的黑色融为一体。上体为暗褐色，下体为白色。嘴黑色，脚灰白色，爪黑色。

生活习性：栖息于河流、湖泊及海岸，尤喜在山地森林中的河谷或有树木的水域地带活动，冬季多栖息于开地区的河流、水库、水塘等处。单独或成对活动，迁徙季节常结为小群。常以鱼为食，有时也食蛙、蜥蜴及小型鸟类等。

分布状况：见于各省。在闪电河湿地见于4～6月。

保护级别：国家二级重点保护野生动物。

崔建军/摄

鹰科

金雕

学　名：*Aquila chrysaetos*

英文名：Golden Eagle

形态特征：体长78～105厘米。雌雄同色。体羽深褐色，头顶黑褐色，后头至后颈羽毛尖长，羽基暗赤褐色，羽端金黄色，具黑褐色羽干纹。尾羽灰褐色，具不规则的暗灰褐色横斑和黑褐色端斑。飞行时，两翼呈"V"形。

生活习性：栖息于高山、森林、草原、荒漠等各种生境中。通常单独或成对活动。捕食的猎物有数十种之多，如雁鸭类、雉鸡类、狍子、鹿、山羊、狐狸、旱獭、野兔、鼠类等。

分布状况：除广西、海南、台湾外，见于各省。在闪电河湿地见于4～10月。

保护级别：国家一级重点保护野生动物。

崔建军/摄

崔建军/摄

崔建军/摄

鹰科

草原雕

学　名：*Aquila nipalensis*

英文名：Steppe Eagle

形态特征：体长70～82厘米。体色变化较大，分淡灰褐色、褐色、棕色、土褐色、暗色等类型。嘴黑色，脚黄色，爪黑色。成鸟：体羽土褐色，尾上覆羽棕白色，尾黑褐色具不明显的淡色横斑及端斑，翼下具白色横斑。幼鸟：体羽较淡，大覆羽及次级覆羽具棕白色端斑，在翼上形成2道明显的横斑。

生活习性：栖息于开阔的草原、荒漠及低山丘陵的草地上。以鼠类、沙蜥、草蜥、蛇及鸟类等为食，也食动物尸体及腐肉。

分布状况：分布于吉林、辽宁、北京、天津、河北（北部）、山东、河南、山西、内蒙古、宁夏、甘肃、新疆、西藏、青海、云南、四川、贵州、湖北、湖南、江苏、上海、浙江、福建、广东、广西、海南。在闪电河湿地见于4～10月。

保护级别：国家一级重点保护野生动物。

鹰科

乌雕

学　名：*Clanga clanga*

英文名：Greater Spotted Eagle

形态特征：体长61～74厘米。通体为深褐色，背部略微有紫色光泽，颏部、喉部和胸部为黑褐色，其余下体稍淡。尾羽短而圆，基部有一个“V”形白斑和白色的端斑。飞行时两翅宽长而平直，两翅不上举。嘴黑色，基部较浅淡。爪黑褐色。

生活习性：栖息于低山丘陵和开阔平原地区的森林中。性情孤独，主要以野兔、鼠类、蛙、蜥蜴、鱼和鸟类等小型动物为食，有时也吃动物尸体和大的昆虫。

分布状况：分布于黑龙江、吉林、辽宁、北京、天津、河北、山东、河南、山西、内蒙古、新疆、西藏、青海、云南、四川、湖北、湖南、安徽、江西、江苏、上海、浙江、福建、广东、广西、香港、台湾。在闪电河湿地为迷鸟，偶见。

保护级别：国家一级重点保护野生动物。

张岩/摄

崔建军/摄

张岩/摄

鹰科

苍鹰

学　名：*Accipiter gentilis*

英文名：Northern Goshawk

形态特征：体长46～60厘米。前额、头顶、枕和头侧黑褐色，颈部羽基白色。眉纹白且具黑色羽干纹，上体到尾灰褐色，喉部有黑褐色细纹。胸、腹、两胁和覆腿羽布满较细的横纹，羽干黑褐色。尾方形，灰褐色，有4条宽阔黑色横斑。飞行时翼下白色，密布黑褐色横带。雌鸟羽色与雄鸟相似，但较暗，体形较大。

生活习性：栖息于不同海拔高度的针叶林、混交林和阔叶林等森林地带。性甚机警，亦善隐藏。食肉性，主要以森林鼠类、野兔及雉类、榛鸡、鸠鸽类和其他小型鸟类为食。

分布状况：见于各省。在闪电河湿地见于4～10月。

保护级别：国家二级重点保护野生动物。

鹰科

雀鹰

学　名：*Accipiter nisus*

英文名：Eurasian Sparrowhawk

形态特征：体长30～41厘米。翼短。雄鸟：上体青灰色，下体白色或淡灰白色，具细密的红褐色横斑，尾具4～5道黑褐色横斑，飞翔时翼后缘略为突出，翼下飞羽具数道黑褐色横带。雌鸟：上体褐色，下体白色，胸、腹部及腿具灰褐色横斑，无喉中线，脸颊少棕色，头后杂有少许白色。

生活习性：栖息于针叶林、混交林、阔叶林等山地森林和林缘地带。常单独生活。以雀形目鸟类、昆虫和鼠类为食，也捕食鸽形目鸟类和榛鸡等小的鸡形目鸟类，有时也捕食野兔、蛇、昆虫幼虫。

分布状况：见于各省。在闪电河湿地见于4～10月。

保护级别：国家二级重点保护野生动物。

陈明/摄

陈明/摄

陈明/摄

崔建军/摄

崔建军/摄

崔建军/摄

陈明/摄

鹰科

大鵟

学　名：*Buteo hemitasius*

英文名：Upland Buzzard

形态特征：体长57～71厘米。体色变化较大，有淡色型、暗色型及中间型，淡色型较为常见。头、背和翼通常为暗褐色杂黄白斑，或头顶和后颈白色且具褐色纵纹。胸淡棕色，腹部白色或棕黄色且具暗色斑纹。翼角下有褐色斑，翼端黑色，尾羽具数道暗色横斑。嘴黑色，蜡膜黄绿色。跗跖前面常被羽。飞翔时翼下有白斑。

生活习性：栖息于山地、山脚平原、草原、农田、芦苇沼泽、村庄。多单独或成小群活动。以啮齿动物、蛙、蜥、蛇、小型鸟类及昆虫等为食。

分布状况：分布于黑龙江、吉林、辽宁、北京、天津、河北、山东、河南、山西、陕西、内蒙古、宁夏、甘肃、新疆、西藏、青海、云南、四川、重庆、湖北、江西、江苏、上海、浙江、广东、台湾。在闪电河湿地见于1～3月和10～12月。

保护级别：国家二级重点保护野生动物。

鹰科

普通鵟

学　名：*Buteo japonicus*

英文名：Eastern Buzzard

王秀荣/摄

形态特征：体长50～59厘米。体色变化较大，上体深红褐色，脸侧皮黄具近红色细纹；下体主要为暗褐色或淡褐色，具深棕色横斑或纵纹。尾羽为淡灰褐色，具有多道暗色横斑，飞翔时两翼宽阔，初级飞羽基部有明显的白斑，翼下白色，仅翼尖、翼角和飞羽外缘黑色（淡色型）或全为黑褐色（暗色型），尾散开呈扇形。翱翔时两翼微向上举成浅“V”形。

生活习性：主要栖息于山地森林和林缘地带。多单独活动。以森林鼠类为食，食量很大，除啮齿类外，也吃蛙、蜥蜴、蛇、野兔、小鸟和大型昆虫等动物性食物。

分布状况：见于各省。在闪电河湿地见于4～10月。

保护级别：国家二级重点保护野生动物。

王秀荣/摄

陈明/摄

陈明/摄

鹰科

毛脚𫛭

学　名：*Buteo lagopus*

英文名：Rough-legged Buzzard

形态特征：体长50～60厘米。上体暗褐色，下背和肩部常缀近白色的不规则横带；腹部为暗褐色，下体其余部分为白色。跗跖被羽毛。尾羽洁白，末端具有黑褐色宽斑。飞翔时腹面多白色。

生活习性：栖息于开阔平原、低山丘陵及农田、草地地带。多单独活动。主要以啮齿类动物及小型鸟类为食，也食雉鸡及石鸡等。

分布状况：分布于黑龙江、吉林、辽宁、北京、天津、河北、山东、山西、陕西、内蒙古、甘肃、新疆（西北部）、云南、四川、湖北、江西、江苏、上海、浙江、福建、广东、台湾。在闪电河湿地见于1～3月和10～12月。

保护级别：国家二级重点保护野生动物。

鹰科

白尾鹞

学　名：*Circus cyaneus*

英文名：Hen Harrier

形态特征：体长41～53厘米。常贴地面低空飞行，滑翔时两翅上举成“V”形。雄鸟：上体蓝灰色，头和胸较暗，腹、两胁、尾上覆羽和翅下覆羽白色。雌鸟：上体暗褐色，尾上覆羽白色，下体皮黄白色或棕黄褐色，杂以粗的红褐色或暗棕褐色纵纹。

生活习性：栖息于平原和低山丘陵地带，主要以小型鸟类、鼠类、蛙、蜥蜴和大型昆虫等动物性食物为食。

分布状况：见于各省。在闪电河湿地见于全年。

保护级别：国家二级重点保护野生动物。

安国平/摄

张岩/摄

张岩/摄

张岩/摄

张岩/摄

鹰科

鹊鹞

学　名：*Circus melanoleucos*

英文名：Pied Harrier

形态特征：体长41~49厘米。两翼狭长。雄鸟：体羽黑、白、灰色，头、喉、胸部纯黑色。雌鸟：上体褐色沾灰并具纵纹，腰白，尾具横斑，下体皮黄色且具棕色纵纹，飞羽腹面具近黑色横斑。亚成体：上体深褐色，尾上覆羽具白色横带，下体栗褐色并具黄褐色纵纹。

生活习性：栖息和活动于开阔的低山丘陵、山脚平原、草地、旷野、河谷、沼泽、林缘、林中路边灌丛。常单独活动。主要以小鸟、鼠类、林蛙、蜥蜴、蛇、昆虫等小型动物为食。

分布状况：除宁夏、西藏、新疆、青海、海南外，见于各省。在闪电河湿地见于全年。

保护级别：国家二级重点保护野生动物。

鹰科

秃鹫

学　名：*Aegypius monachus*

英文名：Cinereous Vulture

形态特征：体长95～110厘米。体羽深褐色。头裸露，仅被短的黑褐色绒羽，喉及眼下黑色，嘴铅灰色，蜡膜浅蓝色。后颈裸出，颈基部被由长的黑色或淡褐色羽簇形成的皱领。两翼长而宽，前后翼缘平行，飞羽常散开。尾短略呈楔形。

生活习性：主要栖息于低山丘陵、高山荒原、森林中的荒岩草地、山谷溪流和林缘地带。常单独活动，偶尔也成小群。主要以大型动物的尸体为食。

分布状况：见于各省。在闪电河湿地见于1～3月和10～12月。

保护级别：国家一级重点保护野生动物。

刘洵/摄

刘洵/摄

刘洵/摄

张岩/摄

崔建军/摄

鹰科

黑翅鸢

学　名：*Elanus caeruleus*

英文名：Black-winged Kite

形态特征：体长31～34厘米。上体蓝灰色，眼先、眼周和肩部具黑斑，下体白色，翅端黑色。飞翔时初级飞羽下面黑色和白色的下体形成鲜明对照。脚黄色，嘴黑色，嘴基部蜡膜黄色，虹膜红色。

生活习性：栖息于有乔木和灌木的开阔原野、农田、疏林和草原地区。常单独在早晨和黄昏活动。主要以田间鼠类、昆虫、小鸟、野兔和爬行类动物为食。

分布状况：分布于北京、天津、河北、山东、河南、陕西、四川、云南、湖北、江西、江苏、上海、浙江、福建、广东、广西、海南、香港、澳门、台湾。在闪电河湿地见于4～10月。

保护级别：国家二级重点保护野生动物。

鹰科

黑鸢

学　名：*Milvus migrans*

英文名：Black Kite

形态特征：体长54～65厘米。上体巧克力褐色，下体棕褐色，均具黑褐色羽干纹。尾较长，叉状，具宽度相等的黑色和褐色相间排列的横斑。飞行时初级飞羽基部色斑明显浅于黑色翼尖。前额及脸颊棕色。

生活习性：栖息于山区林地、城镇、村庄以及沿海、河流等地区。以鼠、兔、小鸟、两栖动物、昆虫及家禽等为食。

分布状况：见于各省。在闪电河湿地见于4～10月。

保护级别：国家二级重点保护野生动物。

张岩/摄

崔建军/摄

张岩/摄

崔建军/摄

张岩/摄

鹰科

白尾海雕

学　名：*Haliaeetus albicilla*

英文名：White-tailed Sea Eagle

形态特征：体长85～91厘米。成鸟多为暗褐色。后颈和胸部羽毛为披针形，较长。头、颈羽色较淡，沙褐色或淡黄褐色。嘴、脚黄色。尾羽呈楔形，为纯白色。

生活习性：栖息于河流、湖泊、海岸、海岛及河口地区。单独或成对飞翔在大型湖泊及海面上空。以鱼为食，也捕食鸟类及中小型哺乳动物等。

分布状况：除海南外，见于各省。在闪电河湿地见于9～11月。

保护级别：国家一级重点保护野生动物。

FALCONIFORMES

·隼形目·

本目为猛禽。雌雄外形相似，但一般雌性个体略大于雄性；嘴弯曲呈钩状，侧方有齿突；翅长而狭尖，尾较为细长；足趾有利爪，爪强健有力。飞行能力强，以动物性食物为食。中国有1科12种，闪电河湿地有1科5种。

杨德森/摄

杨德森/摄

隼科

燕隼

学　名：*Falco subbuteo*

英文名：Eurasian Hobby

形态特征：体长28~35厘米。上体为暗蓝灰色，眉纹白色，颊部有垂直向下的黑色髭纹，颈部的侧面、喉部、胸部和腹部均为白色，胸部和腹部有黑色的纵纹；下腹部至尾下覆羽和覆腿羽为棕栗色，尾羽灰色，尾羽腹面具横斑。

生活习性：栖息于有稀疏树木生长的开阔平原、旷野、农田、海岸以及疏林和林缘地带。多单独或成对活动。以小型鸟类、昆虫为食。

分布状况：除澳门外，见于各省。在闪电河湿地见于4~10月。

保护级别：国家二级重点保护野生动物。

隼科

红脚隼

学　名：*Falco amurensis*
英文名：Red-footed Falcon

形态特征：长26～30厘米。嘴黄色，先端黑色，蜡膜红色。雄鸟：体羽暗灰蓝色，喉白色，胸、腹灰色，飞羽银灰色，翼下覆羽白色，下腹、腿和尾下覆羽棕红色。雌鸟：额白色，头、背及尾灰色，尾具黑色横斑，腹具黑色纵纹，翼下白色并具黑色点斑及横斑。虹膜褐色。

生活习性：主要栖息于低山疏林、林缘、山脚平原及丘陵地区的沼泽、草地、河流、山谷和农田等开阔地区。多白天单独活动。主要以蝗虫、蚱蜢、蝼蛄、蠡斯、金龟子、蟋蟀、叩头虫等昆虫为食，

分布状况：除海南外，见于各省。在闪电河湿地见于4～10月。

保护级别：国家二级重点保护野生动物。

赵永春/摄

崔建军/摄

崔建军/摄

崔建军/摄

赵永春/摄

隼科

红隼

学　名：*Falco tinnumculus*

英文名：Common Kestrel

形态特征：长32～39厘米。脚、趾黄色，爪黑色。雄鸟：头蓝灰色，背和翅上覆羽砖红色，具三角形黑斑，腰、尾上覆羽和尾羽蓝灰色，尾具宽阔的黑色次端斑和白色端斑，颏、喉乳白色或棕白色，下体乳黄色或棕黄色，具黑褐色纵纹和斑点。雌鸟：上体从头至尾棕红色，具黑褐色纵纹和横斑，下体乳黄色，除喉外均被黑褐色纵纹和斑点，具黑色眼下纵纹。

生活习性：栖息于山地森林和开阔地带。多单独或成对活动，飞行高度较高，以猎食时有翱翔习性而著名。吃大型昆虫、鸟类和小型哺乳动物。

分布状况：见于各省。在闪电河湿地见于全年。

保护级别：国家二级重点保护野生动物。

隼科

猎隼

学　名：*Falco cherrug*

英文名：Saker Falcon

赵永春/摄

形态特征：体长45～55厘米。颈背偏白，头顶浅褐。眼下方具黑色线条，眉纹白。上体多褐色而具横斑，与翼尖的深褐色成对比。外侧尾羽具狭窄的白色羽端；下体偏白，狭窄翼尖深色，翼下大覆羽具黑色细纹。

生活习性：栖息于山区开阔地带、河谷、沙漠和草地。主要以中小型鸟类、野兔、鼠类等动物为食。

分布状况：分布于吉林、辽宁、北京、天津、河北、山东、河南、山西、内蒙古、甘肃、宁夏、新疆、西藏、青海、四川、湖北、浙江。在闪电河湿地见于全年。

保护级别：国家一级重点保护野生动物。

崔建军/摄

郭玉民/摄

隼科

矛隼

学　名：*Falco rusticolus*

英文名：Gyrfalcon

形态特征：体长48～60厘米。羽色变化较大，有暗色型、白色型、灰色型。暗色型的头部为白色，头顶具有粗著的暗色纵纹；上体灰褐色至暗石板褐色，具有白色横斑和斑点，尾羽白色，具褐色或石板褐色横斑；下体白色，具暗色横斑。白色型的体羽主要为白色，背部和翅膀上具褐色斑点。灰色型的羽色则介于上述两类色型之间。

生活习性：栖息于开阔的岩石山地、沿海岛屿、临近海岸的河谷和森林苔原地带。喜欢寒冷环境，凶猛敏捷，被称为“空中捕猎能手”，大多单独活动。主要以野鸭、海鸥、雷鸟、松鸡等各种鸟类为食，也吃少量中小型哺乳动物。

分布状况：分布于黑龙江、吉林、辽宁、河北、内蒙古（中部）、新疆（西部）。在闪电河湿地为迷鸟，偶见。

保护级别：国家一级重点保护野生动物。

GALLIFORMES

·鸡形目·

本目为陆禽。体形大多与家鸡相似。体结实，喙短，呈圆锥形；翼短圆；脚强健，具锐爪；雄鸟具大的肉冠和美丽的羽毛。善奔走，不善飞行。主要以植物种子、果实和昆虫为食。中国有1科64种，闪电河湿地有1科4种。

王秀荣/摄

雉科

石鸡

学　名：*Alectoris chukar*
英文名：Chuckar Partridge

形态特征：体长32～38厘米。眉纹白色，耳羽褐色，围绕头侧及喉部具一宽阔的黑色和栗色并列斑。喉皮黄白色或棕黄色，上背紫棕褐色，下背至尾上覆羽灰橄榄色，两胁具黑色、栗色横斑及白色条纹。虹膜栗褐色。嘴、眼周裸出部及跗、趾均为珊瑚红色，爪乌褐色。

生活习性：栖息于低山丘陵地带的岩石坡和沙石坡上。性喜集群。主要以草本植物和灌木的嫩芽、嫩叶、浆果、种子、苔藓、地衣和昆虫为食，也常到附近农地取食谷物。

分布状况：分布于北京、河北、天津、山西、内蒙古、辽宁、山东、河南、西藏、陕西、甘肃、青海、宁夏、新疆。在闪电河湿地见于全年。

王秀荣/摄

陈明/摄

陈明/摄

雉科

环颈雉

学　名：*Phasianus colchicus*

英文名：Common Pheasant

形态特征：体长60～90厘米。嘴灰色，端部绿黄色。雄鸟：头、颈绿色具金属光泽，颈具白色颈圈，颊部裸出红色，头顶两侧各具一束能耸起的羽簇，虹膜栗红色，上背、胸和胁棕黄色杂黑斑，下背及腰蓝灰色，羽毛边缘披散如毛发状，尾羽褐色兼棕黄色并杂以黑斑，具短距，趾红绿色。雌鸟：尾较短，体形较雄鸟小，头、背锈红色，其余体羽灰棕色杂褐斑，虹膜淡红褐色。

生活习性：栖息于低山丘陵、农田、地边、沼泽、草地与灌丛。成对或成数只的小群活动。主要以植物性食物为食，也吃昆虫。

分布状况：除澳门、海南外，见于各省。在闪电河湿地见于全年。

赵永春/摄

雉科

斑翅山鹑

学　名：*Perdix dauurica*

英文名：Daurian Partridge

崔建军/摄

崔建军/摄

形态特征：体长25～31厘米。雄鸟：头灰黄褐色，额、头侧、喉、胸棕黄色，颏被较长黄色羽毛，颈侧、胸两侧灰色，胸具栗色虫蠹状斑及栗色横斑，腹具大块马蹄形黑褐色斑。雌鸟：与雄鸟基本相同，头顶暗褐，羽干纹暗棕色，眼下有栗斑与耳羽相连，上背灰色范围十分狭窄，上胸呈深棕褐色，下胸马蹄形黑斑缩小。

生活习性：栖息于平原、森林、草原、灌丛、草地、低山丘陵和农田荒地等各类生境中。除繁殖期外，常成群活动，繁殖后期则成家族群活动。主要以植物性食物为食，也吃昆虫。

分布状况：分布于北京、天津、河北、内蒙古、黑龙江、辽宁、吉林、山西、陕西、宁夏、新疆、甘肃、青海。在闪电河湿地见于全年。

陈明/摄

王秀荣/摄

张岩/摄

张岩/摄

雉科

鹌鹑

学　名：*Coturnix japonica*

英文名：Japanese Quail

形态特征：体长17～19厘米。雄鸟：额部几乎全为栗黄色，头顶、枕部和后颈黑褐色，上背为浅的黄栗色，具黄白色羽干纹，下背至尾上覆羽黑褐色，颏、喉和颈的前部赤褐色，上胸灰白色沾栗色，羽干白色；下胸以至尾下覆羽灰白色。雌鸟：颏和喉羽浅灰黄色，颈侧亦浅灰黄色，羽端黑色，上胸黄褐色，具黑斑，胸侧及胁黄褐色具白色羽干纹。

生活习性：栖息于茂密的野草或矮树丛的平原、荒地、山坡、丘陵、沼泽、湖泊、溪流的草丛中。多成小群活动。主要以植物果实、种子等植物性食物为食，也吃昆虫。

分布状况：除新疆、西藏外，见于各省。在闪电河湿地见于全年。

CICONIIFORMES

·鹳形目·

本目为大型涉禽。雌雄羽色相同或相似。颈和脚细长；嘴粗长且基部较厚；眼先裸出；胫的下部裸出；后趾发达，与前趾在同一平面上。栖于水边或近水地方。以小鱼、虫类及其他小型动物为食。中国有1科7种，闪电河湿地有1科2种。

陈明/摄

崔建军/摄

赵永春/摄

鹳科

黑鹳

学　名：*Ciconia nigra*

英文名：Black Stork

形态特征：体长100～120厘米。雄鸟和雌鸟相似。头至尾黑色，颈具灰绿色光泽。下胸、腹、两胁和尾下覆羽为纯白色。嘴长而粗壮，嘴、眼周裸露皮肤和脚红色。

生活习性：栖息于河流沿岸、沼泽、山区溪流附近。有沿用旧巢的习性，性机警而胆小。以鱼为主食，也捕食其他小动物。

分布状况：除西藏外，见于各省。在闪电河湿地见于6～10月。

保护级别：国家一级重点保护野生动物。

赵永春/摄

陈明/摄

鹳科

东方白鹳

学　名：*Ciconia boyciana*

英文名：Oriental Stork

形态特征：体长110～130厘米。飞羽黑色，其余体羽白色。嘴长而粗壮，呈黑色，眼睛周围裸露皮肤为粉红色，腿、脚为鲜红色。

生活习性：繁殖期主要栖息于开阔而偏僻的平原、草地和沼泽地带。性安静而机警，休息时常单足站立。主要以小鱼、蛙、昆虫等为食。

分布状况：分布于黑龙江、吉林、辽宁、北京、天津、河北、山东、河南、陕西、内蒙古、云南、四川、贵州、湖北、湖南、安徽、江西、江苏、上海、浙江、福建、广东、广西、香港、台湾。在闪电河湿地为迷鸟，偶见。

保护级别：国家一级重点保护野生动物。

李成国/摄

GRUIFORMES

·鹤形目·

本目为涉禽和游禽。雌雄同色；嘴细长而尖，颈长；翅大短圆；脚长，有的具瓣蹼，后趾不发达或较前趾稍高。多数具较强飞行能力。以昆虫、小型脊椎动物、植物的种子和嫩芽为食。中国有2科29种，闪电河湿地有2科8种。

鹤科

白头鹤

学　名：*Grus monacha*

英文名：Hooded Crane

形态特征：体长92~97厘米。通体大都呈石板灰色，头部和颈的上部为白色，顶冠前部黑色，中间裸露部分红色。两翅灰黑色，嘴黄绿色，脚黑色。

生活习性：栖息于河流与湖泊的岸边泥滩、沼泽及湿草地。性情温雅，机警胆小。主要以植物、小鱼、软体动物及昆虫为食。

分布状况：分布于黑龙江、吉林、辽宁、北京、天津、河北、山东、河南、内蒙古、云南（西北部）、贵州、湖北、湖南、安徽、江西、江苏、上海、浙江、福建、台湾。在闪电河湿地为迷鸟，偶见。

保护级别：国家一级重点保护野生动物。

崔建军/摄

鹤科

灰鹤

学　名：*Grus grus*

英文名：Common Crane

崔建军/摄

形态特征：体长95~125厘米。全身羽毛大都灰色，前顶冠黑色，头顶裸露部分为朱红色，颈深青灰色，自眼后有一道宽的白色条纹伸至颈背。体羽余部灰色，背部及长而密的三级飞羽略沾褐色。嘴青灰色，嘴端偏黄色。脚黑色。

生活习性：栖息于开阔平原、草地、沼泽、河滩、旷野、湖泊以及农田地带。繁殖期成对或成5~10只的家庭小群活动。以植物为主，喜食芦苇的根和叶，夏季也吃昆虫、蚯蚓、蛙、蛇、鼠等。

分布状况：见于各省。在闪电河湿地见于3~5月和9~11月。

保护级别：国家二级重点保护野生动物。

崔建军/摄

鹤科

白枕鹤

学　名：*Grus vipio*

英文名：White-naped Crane

形态特征：体长125～140厘米。头、颈白色。前额、头顶前部、眼先、头的侧部以及眼睛周围的皮肤裸出，均为鲜红色。颈两侧有一条暗灰色条纹。上体为石板灰色。初级飞羽和次级飞羽黑色，翼上覆羽灰白色，羽端褐色。嘴黄绿色。脚绯红色。

生活习性：栖息于沼泽、河流、湖泊和农田。多成家族群或小群活动。主要以植物种子、草根、嫩叶、嫩芽、鱼、蛙、蜥蜴、蝌蚪、虾、软体动物和昆虫等为食。

分布状况：分布于黑龙江（北部）、吉林、辽宁、河北（北部）、北京、天津、山东、河南、内蒙古（东部）、新疆、湖南、安徽、江西、江苏、上海、浙江、福建、台湾。在闪电河湿地见于4～5月和9～11月。

保护级别：国家一级重点保护野生动物。

鹤科

白鹤

学　名：*Grus leucogeranus*
英文名：Siberian Crane

赵永春/摄

形态特征：体长130~140厘米。站立时通体白色。头及脸裸露呈鲜红色。初级飞羽黑色，飞翔时可见黑色翅尖。嘴、脚红色。

生活习性：栖息于开阔平原沼泽草地、苔原沼泽和大的湖泊岩边及浅水沼泽地带。常单独、成对和成家族群活动。主要以苦草、眼子菜、苔草、荸荠等植物的茎和块根为食，也吃水生植物的叶、嫩芽和少量的软体动物和昆虫。

分布状况：分布于黑龙江、吉林、辽宁、天津、山东、河北、河南、内蒙古（东部和北部）、新疆、青海、云南、湖北、湖南、安徽、江西、江苏、上海、浙江。在闪电河湿地为迷鸟，偶见。

保护级别：国家一级重点保护野生动物。

崔建军/摄

崔建军/摄

陈明/摄

崔建军/摄

鹤科

蓑羽鹤

学　名：*Grus virgo*

英文名：Demoiselle Crane

形态特征：体长90～105厘米。体羽蓝灰色，头侧、颏、喉和前颈黑色。眼后具有白色的耳簇羽。前颈黑色羽延长，悬垂于前胸。初级覆羽和初级飞羽灰黑色，内侧次级飞羽和三级飞羽延长，覆盖于尾上，羽端黑色。

生活习性：栖息于开阔平原草地、草甸、沼泽、湖泊、河谷及半荒漠环境中。多成家族或小群活动。主要以各种小型鱼类、虾、蛙、蝌蚪、水生昆虫、植物嫩芽和叶、草籽，以及农作物玉米、小麦等食物为食。

分布状况：分布于黑龙江、吉林、辽宁、北京、天津、河北、山东、河南、陕西、内蒙古、宁夏、甘肃、新疆、西藏（南部）、青海、云南（东北部）、四川、湖北、江西、台湾。在闪电河湿地见于5～6月和9～10月。

保护级别：国家二级重点保护野生动物。

鹤科

丹顶鹤

学　名：*Grus japonensis*

英文名：Red-crowned Crane

形态特征：体长140～150厘米。体羽大都白色，裸出的头顶红色，喉部及颈部黑色，自耳羽有宽白色带延伸至颈背。次级飞羽及长而下悬的三级飞羽黑色。嘴绿灰色，尖端黄色。脚黑色。

生活习性：栖息于四周环水的浅滩上或苇塘边。常成对或成家族群和小群活动。主要以鱼、虾、水生昆虫、软体动物、蝌蚪、沙蚕以及水生植物的茎、叶、块根和果实为食。

分布状况：分布于黑龙江、吉林（西部）、辽宁、北京、天津、河北、山东、河南、陕西、内蒙古（东部）、云南、湖北、安徽、江西、江苏、台湾。在闪电河湿地见于9～11月。

保护级别：国家一级重点保护野生动物。

赵永春/摄

崔建军/摄

陈明/摄

秧鸡科

黑水鸡

学　名：*Gallinula chloropus*

英文名：Common Moorhen

赵永春/摄

形态特征：体长30～32厘米。体羽黑褐色，两胁具白色纵纹，下腹具白斑。尾下覆羽两侧白色，中间黑色。嘴端黄色，嘴基与额甲红色。腿黄绿色。

生活习性：栖息于沼泽、湖泊、水库、苇塘、水渠及水田。多成对或成小群活动。以水生植物、昆虫、昆虫幼虫及软体动物等为食。

分布状况：见于各省。在闪电河湿地见于4～10月。

陈明/摄

赵永春/摄

赵永春/摄

赵永春/摄

陈明/摄

秧鸡科

白骨顶

学　名：*Fulica atra*

英文名：Common Coot

形态特征：体长38～43厘米。体羽全黑色，次级飞羽具白色羽端，飞行时可见翼上狭窄近白色后缘。嘴和额甲白色。脚绿色，趾间具瓣蹼。

生活习性：栖息于低山、丘陵、平原、荒漠及半荒漠地带的水域。善游泳。食物以水生植物的嫩芽、叶、根、茎为主，也吃昆虫、蠕虫、软体动物等。

分布状况：见于各省。在闪电河湿地见于4～10月。

OTIDIFORMES

·鸨形目·

本目为大中型陆禽。雌雄异色但差异不大；头小，嘴短而有力，颈细长；体态健硕，两翼宽阔，腿长而有力。善奔跑，飞行姿态似鹤，但脚不伸出或略伸出尾端。杂食性。中国有1科3种，闪电河湿地有1科1种。

崔建军/摄

鸨科

大鸨

学　名：*Otis tarda*

英文名：Great Bustard

形态特征：体长75～102厘米。头颈灰色，后颈基部棕色。上体具宽大的棕色及黑色横斑；下体及尾下白色。繁殖雄鸟颈前有白色丝状羽，后颈基部棕色向两侧延伸至前胸，形成棕色胸带。飞行时翼偏白色，次级飞羽黑色，初级飞羽具深色羽尖。

生活习性：栖息于开阔平原、草地及半荒漠地区，也到河流、湖泊沿岸及其附近的湿草地等处活动。多集群活动，胆小而机警。以植物性食物为主，也食蝗虫及蛙等。

分布状况：分布于新疆、黑龙江、吉林、辽宁、河北、北京、天津、山东、河南、山西、陕西、宁夏、甘肃、内蒙古、青海、贵州、湖北、安徽、江西、江苏、上海。在闪电河湿地见于4～12月。

保护级别：国家一级重点保护野生动物。

崔建军/摄

崔建军/摄

CHARADRIIFORMES

·鸻形目·

本目为中小型涉禽或游禽。嘴型多样，翅多尖长，脚或短或长，蹼型多样，尾短圆或细长。有的类群善行走和奔跑，有些种类善游泳。主要以软体动物、甲壳动物、昆虫、鱼类为食。中国有13科135种，闪电河湿地有5科41种。

赵永春/摄

陈明/摄

反嘴鹬科

反嘴鹬

学　名：*Recurvirostra avosetta*

英文名：Pied Avocet

形态特征：体长40~45厘米。嘴黑色，细长，显著地向上翘。脚长而呈青灰色。头顶及从前额至后颈黑色。翼尖和翼上及肩部2条带斑黑色，其余体羽白色。

生活习性：栖息于平原和半荒漠地区的湖泊、水塘和沼泽地带，有时也栖息于海边水塘和盐碱沼泽地。常单独或成对活动和觅食，但栖息时却喜成群。主要以小型甲壳类、水生昆虫及其幼虫、蠕虫和软体动物等小型无脊椎动物为食。

分布状况：除海南外，见于各省。在闪电河湿地见于4~10月。

崔建军/摄

反嘴鹬科

黑翅长脚鹬

学　名：*Himantopus himantopus*

英文名：Black-winged Stilt

形态特征：体长35～41厘米。嘴黑色而细长，脚粉红色。雄鸟：夏羽从头至背及翼均为黑色，也有头颈全白者，肩及背具绿色金属光泽，喉、胸、腹部及尾下覆羽白色。雌鸟：与雄鸟相似，但背部暗褐色。

生活习性：栖息于湖泊、水塘、沼泽、河流浅滩、稻田、沿海湿地。胆怯而机警，常结群活动。以软体动物、虾、昆虫及其幼虫、小鱼和蝌蚪等为食。

分布状况：见于各省。在闪电河湿地见于4～10月。

陈咏华/摄

陈明/摄

陈咏华/摄

陈咏华/摄

陈明/摄

鸻科

金眶鸻

学　名：*Charadrius dubius*

英文名：Little Ringed Plover

形态特征：体长15～18厘米。夏羽：眼睑四周金黄色，嘴黑色，前额和眉纹白色，额顶具一宽的黑色横带，横带后具一细窄的白色横带；眼先、眼周和眼后耳区黑色，并与额基和头顶前部黑色相连；后颈具一白色环带，向下与颏、喉部白色相连，紧接白环之后有一黑带围绕着上背和上胸，其余上体沙褐色；下体除黑色胸带外全为白色。冬羽：额部黑带消失，胸带不明显。

生活习性：常栖息于湖泊沿岸、河滩、水稻田边、沿海滩涂和盐田。单个或成对活动，活动时行走速度甚快，常边走边觅食，并伴随一种单调而细弱的叫声。以昆虫为主食，兼食植物种子和蠕虫等。

分布状况：见于各省。在闪电河湿地见于4～10月。

崔建军/摄

鸻科

环颈鸻

学　名：*Charadrius alexandrinus*

英文名：Kentish Plover

形态特征：体长17～20厘米。额白色，嘴基与头顶前部黑色。眼先黑色，经眼至耳覆羽具一条宽阔的黑色贯眼纹，眼后上方具一窄短的白色眉斑。头顶棕黄色，颈部具白、褐或黑两色颈环，白环较宽，在前颈与喉部白色相连，褐或黑色环在胸前断开，也有相连者。背部黄褐色或灰褐色。胸、腹白色。飞行时可见翼上具粗拙的白色翼斑。

生活习性：栖息于沿海湿地、沙洲、内陆河流、湖泊岸边、沼泽、农田、草地。行走迅速，喜在水边沙滩及沙石岸边活动。以昆虫、蠕虫、软体动物等为食。

分布状况：分布于黑龙江、吉林、辽宁、北京、天津、河北、山东、河南、山西、湖北、湖南、安徽、江西、江苏、上海、浙江、福建、广东、广西、海南、陕西、内蒙古、宁夏、甘肃、新疆、西藏（东南部）、青海、云南、贵州、四川、香港、澳门、台湾。在闪电河湿地见于4～10月。

鸻科

铁嘴沙鸻

学　名：*Charadrius leschenaultii*

英文名：Greater Sand Plover

形态特征：体长20～23厘米。嘴黑色。夏羽：雄鸟额、颊、喉白色，额上部具一黑色带横跨于两眼之间；贯眼纹黑色，延伸至耳羽；后颈及颈侧淡棕栗色，背部黄褐色，前胸棕栗色，腹部白色；飞翔时翅上白色翼带明显。冬羽：贯眼纹褐色，黑斑及棕栗色消失，仅具窄的灰褐色胸带。雌鸟和雄鸟冬羽相似。

生活习性：栖息于海滨沙滩、河口、内陆湖泊、河流、沼泽和草地。多成对或成小群在水边沙滩或滩涂地上边走边觅食，善奔跑。以昆虫、软体动物等为食。

分布状况：除黑龙江、西藏外，见于各省。在闪电河湿地见于4～10月。

陈明/摄

鸻科

蒙古沙鸻

学　名：*Charadrius mongolus*

英文名：Lesser Sand Plover

形态特征：体长18～20厘米。上体灰褐色，嘴黑色，粗短。雄鸟夏羽：颊和喉白色，额上部具一黑带；胸部棕红色，前缘具一黑色细纹，腹部白色；飞翔时翅上具白色翼带。雄鸟冬羽：羽色较淡，胸部棕红色消失。雌鸟和雄鸟冬羽相似。

生活习性：栖息于沿海湿地、河口、湖泊、河流、沼泽、草地和农田。多单独或成小群活动。以昆虫、软体动物等为食。

分布状况：分布于黑龙江、吉林、辽宁、北京、天津、河北、山东、山西、云南、湖北、江西、江苏、上海、浙江、福建、广东、广西、海南、内蒙古（东部）、甘肃、新疆、青海、香港、澳门、台湾。在闪电河湿地见于4～10月。

陈明/摄

李成国/摄

鸻科

凤头麦鸡

学　名：*Vanellus vanellus*

英文名：Northern Lapwing

形态特征：体长29～34厘米。头顶色深，头侧及喉部污白，眼下有黑斑。具长窄的黑色反翻型凤头。上体具绿黑色金属光泽。尾白色且具宽的黑色次端带。胸近黑色。下体白色。

生活习性：栖息地通常在水塘、水渠、沼泽等，有时也远离水域。善飞行，常成群活动。以蝗虫、小型无脊椎动物、植物种子等为食。

分布状况：见于各省。在闪电河湿地见于4～10月。

赵永春/摄

赵永春/摄

崔建军/摄

赵永春/摄

鸻科

灰头麦鸡

学　名：*Vanellus cinereus*

英文名：Grey-headed Lapwing

崔建军/摄

形态特征：体长32～35厘米。头、颈、胸灰色，下胸具黑色横带，其余下体白色。背茶褐色，尾上覆羽和尾白色，尾具黑色端斑。嘴黄色，先端黑色。脚较细长，黄色。

生活习性：栖息于平原草地、沼泽、湖畔、河边、水塘以及农田地带。常成对或成小群活动。主要啄食蝗虫、蚱蜢等直翅目昆虫和甲虫等鞘翅目昆虫，也吃水蛭、蚯蚓、螺等软体动物和植物叶及种子。

分布状况：除新疆外，见于各省。在闪电河湿地见于4～10月。

鸻科

金鸻

学　名：*Pluvialis fulva*
英文名：Pacific Golden Plover

形态特征：体长23～25厘米。嘴黑色。夏羽：上体黑色，密布金黄色斑点；下体黑色；自额经眉纹、颈侧而下至胸侧具一条“Z”字形白带。冬羽：上体灰褐色，羽缘淡黄色，胸、腹灰黄色具褐色斑。

生活习性：栖息于沿海滩涂、河流、湖泊、水塘、沼泽、草地、农田。多成小群活动，胆怯。以昆虫、软体动物为食。

分布状况：见于各省。在闪电河湿地见于4～10月。

陈明/摄

陈明/摄

陈明/摄

鹬科

白腰杓鹬

学　名：*Numenius arquata*

英文名：Eurasian Curlew

崔建军/摄

形态特征：体长55～58厘米。头顶和上体淡褐色。头、颈、上背具黑褐色纵纹。下背、腰及尾上覆羽白色，两胁具黑褐色纵纹。腹部腋羽、翼下覆羽、尾白色，尾具粗重黑褐色横斑。嘴黑色向下弯曲，下嘴基部肉红色。

生活习性：栖息于沼泽湿地、草地、农田及海滨潮间带滩涂。性机警，觅食时不停抬头观望。以甲壳动物、软体动物、蠕虫、昆虫、小鱼及蛙等为食。

分布状况：除贵州外，见于各省。在闪电河湿地见于4～6月和9～10月。

保护级别：国家二级重点保护野生动物。

赵永春/摄

鹬科

青脚鹬

学　名：*Tringa nebularia*

英文名：Common Greenshank

形态特征：体长29～35厘米。夏羽：头、颈、胸具黑褐色纵纹，上背灰褐色，具黑褐色羽干纹及白色羽缘，下背、腰、腹、尾及尾上覆羽白色，尾具黑褐色横斑。冬羽：背部灰褐色，具黑褐色轴纹，羽缘具黑褐色点斑，腹部纯白色，仅胸侧具不甚明显的黑色纵纹。修长的腿近绿色，灰色的嘴长而粗且略向上翻。

生活习性：栖息于江河、湖泊、沼泽湿地、河口、沿海湿地。多单独或成小群活动。以虾、蟹、小鱼、螺及昆虫等为食。

分布状况：见于各省。在闪电河湿地见于4～10月。

陈明/摄

崔建军/摄

赵永春/摄

鹬科

红脚鹬

学　名：*Tringa totanus*

英文名：Common Redshank

形态特征：体长23～29厘米。腿橙红色，嘴基部为红色。上体褐灰色，下体白色，胸具褐色纵纹。飞行时腰部白色明显，次级飞羽具明显白色外缘。尾上具黑白色细斑。

生活习性：栖息于沼泽、草地、河流、湖泊、水塘、沿海滩涂。飞行能力强，通常结小群活动，也与其他水鸟混群。以软体动物、环节动物、昆虫为食。

分布状况：除贵州外，见于各省。在闪电河湿地见于4～10月。

赵永春/摄

陈明 / 摄

崔建军 / 摄

鹬科

林鹬

学　名：*Tringa glareola*

英文名：Wood Sandpiper

形态特征：体长20～23厘米。体形略小，纤细，褐灰色，腹部及臀偏白色，腰白色。上体灰褐色且具白色斑点。眉纹白色，贯眼纹黑褐色。尾白色且具褐色横斑。非繁殖期羽毛斑点和条纹少，眉纹更明显。

生活习性：栖息于林中或林缘开阔沼泽、湖泊、水塘、溪流岸边和盐田。主要以直翅目和鳞翅目昆虫及其幼虫、蠕虫、虾、蜘蛛、软体动物和甲壳类等小型无脊椎动物为食。

分布状况：见于各省。在闪电河湿地见于4～10月。

陈明 / 摄

鹬科

泽鹬

学　名：*Tringa stagnatilis*

英文名：Marsh Sandpiper

张岩/摄

形态特征：体长19～26厘米。中等纤细型鹬类。额白色。嘴黑色而细直。腿长而偏绿色。眉纹较浅。上体灰褐色，腰及下背白色，下体白色。繁殖期上体浅棕色，胸部和胁部有条纹；非繁殖期上体灰色，可见浅色眉纹。

生活习性：主要栖息于河流岸边河滩或沼泽草地及盐田。常单独或成小群活动。主要以水生昆虫及其幼虫、蠕虫、软体动物和甲壳类为食。

分布状况：见于各省，在闪电河湿地见于4～10月。

崔建军/摄

崔建军/摄

李成国/摄

陈明/摄

崔建军/摄

赵永春/摄

鹬科

鹤鹬

学　名：*Tringa erythropus*

英文名：Spotted Redshank

形态特征：体长26～33厘米。自嘴基起有一长的白色眉纹经眼上至眼后，白色眉纹下有一黑褐色纹自嘴基至眼。下背和腰白色。尾下覆羽白色，具褐色横斑。上喙基部黑色，下喙基部红色。夏羽：体羽黑色，背部具白色羽缘，眼圈白色。冬羽：前额、头顶至后颈灰褐色，上背也是灰褐色，羽缘白色。

生活习性：栖息于沼泽湿地、池塘、湖泊、盐田、农田。单独或成分散的小群活动。主要以甲壳类动物、软体动物、蠕形动物以及水生昆虫为食。

分布状况：见于各省。在闪电河湿地见于4～6月和9～10月。

赵永春/摄

鹬科

矶鹬

学　名：*Actitis hypoleucos*
英文名：Common Sandpiper

形态特征：体长16～22厘米。嘴直而短，暗褐色，先端黑色。脚灰绿色。具白色眉纹和黑色过眼纹。上体绿棕色，下体白色，并沿胸侧向背部延伸。翅折叠时在翼角前方形成显著的白斑。飞翔时明显可见翼上宽阔的白色翼带。

生活习性：栖息于低山丘陵和山脚平原一带的江河沿岸、湖泊、水库、水塘岸边以及沿海湿地。常单独或成对活动，非繁殖期亦成小群。主要以甲虫等鞘翅目、蝼蛄等直翅目和夜蛾等昆虫为食，也吃螺、蠕虫等无脊椎动物和小鱼以及蝌蚪等小型脊椎动物。

分布状况：见于各省。在闪电河湿地见于4～10月。

陈明/摄

鹬科

翘嘴鹬

学　名：*Xenus cinereus*

英文名：Terek Sandpiper

形态特征：体长22~25厘米。嘴长而尖，明显地向上翘，基部黄色，尖端黑色。腿短，橘黄色。夏羽：上体灰褐色，具细窄的黑色羽干纹；颏、胸肩部黑色羽轴纹较宽，在两肩形成一条显著的黑色纵带；下体白色，颈侧和胸侧具黑褐色纵纹。冬羽：肩部无黑褐色纵带，颈侧、胸侧斑纹不明显。

生活习性：栖息和活动于北极冻原和冻原森林地带的河流、湖泊、水塘岸边，以及沿海河口、沙洲、潮间带泥滩上。常单独或成小群活动。主要以甲壳类动物、软体动物、蠕虫、昆虫和昆虫幼虫等小型无脊椎动物为食。

分布状况：见于各省。在闪电河湿地见于4~10月。

鹬科

大杓鹬

学　名：*Numenius madagascariensis*

英文名：Eastern Curlew

崔建军/摄

形态特征：体长54～65厘米。嘴长而下弯，多呈茶褐色。上体黑褐色，羽缘白色和棕白色，呈黑色而沾棕色的花斑状。腰和尾上覆羽具较宽的棕红褐色羽缘，尾羽浅灰色沾黄色，具有灰褐色横斑。颏、喉白色。颊、颈侧和胸皮黄白色，具黑褐色羽干纹。腹至尾下覆羽污白色至红褐色，具较稀疏的灰褐色羽干纹。腋羽和翅下覆羽白色，具灰褐色或黑褐色横斑。

生活习性：栖息于低山丘陵和平原地带的河流、湖泊、芦苇沼泽、水塘、水稻田边及河口和海滨潮间带滩涂。性胆怯，常单独或成松散的小群活动。主要以甲壳类动物、软体动物、蠕形动物、昆虫和幼虫为食。

分布状况：除新疆、西藏、云南、贵州外，见于各省。在闪电河湿地见于4～10月。

保护级别：国家二级重点保护野生动物。

李成国/摄

鹬科

青脚滨鹬

学　名：*Calidris temminckii*

英文名：Temminck's Stint

形态特征：体长12～17厘米。繁殖期上体棕色，胸部圆形灰色图案，带条纹。肩部羽毛中间黑色，翼上覆羽和三级飞羽边缘棕色和灰色。下体白色。脚黄色。非繁殖期羽色浅，胸部颜色为灰棕色，下颏及喉部白色。

生活习性：栖息于沿海和内陆湖泊、河流、水塘、沼泽湿地和农田地带。单独或成小群活动，迁徙期间有时亦集成大群。主要以昆虫及其幼虫、蠕虫、甲壳类动物和环节动物为食。

分布状况：见于各省。在闪电河湿地见于4～10月。

陈明/摄

鹬科

三趾滨鹬

学　名：*Calidris alba*

英文名：Sanderling

形态特征：体长18～21厘米。脚黑色，后趾缺失，仅三趾。夏羽：头颈锈红色，颏和喉白色，上胸红色，具黑褐色纵纹，下胸、腹和翅下覆羽白色，背棕红色具黑色纵纹。冬羽：头顶、枕、翕、肩和三级飞羽淡灰白色。前额和眼先白色。下体白色，胸侧缀有灰色。翅上小覆羽黑色，形成显著的黑色纵纹。

生活习性：栖息于北极冻原苔藓草地、海岸和湖泊沼泽地带、河口沙洲以及海边沼泽地带。常成群活动。主要以昆虫、软体动物等为食，也吃植物种子等。

分布状况：除黑龙江、四川外，见于各省。在闪电河湿地见于4～10月。

崔建军/摄

鹬科

红颈滨鹬

学　名：*Calidris ruficollis*

英文名：Red-necked Stint

形态特征：体长14~16厘米。夏羽：头、颈、颊、背、肩红褐色；头顶、后颈及颈侧具黑褐色细纹；背和肩具黑褐色中央斑与灰白色羽缘，尾上覆羽两侧白色，两侧尾羽淡灰色；下胸至尾下覆羽白色。冬羽：背部灰褐色具黑褐色细轴纹，腹部白色。

生活习性：栖息于冻原地带芦苇沼泽、海岸、湖滨和苔原地带。常成群活动。主要以昆虫、软体动物为食。

分布状况：见于各省。在闪电河湿地见于4~10月。

陈明 / 摄

鹬科

长趾滨鹬

学　名：*Calidris subminuta*

英文名：Long-toed Stin

崔建军 / 摄

形态特征：体长14～16厘米，嘴较细短、黑色。脚黄绿色，趾较长。夏羽：上体棕褐色，前额、头顶至后颈棕色且具黑褐色细纵纹，背具粗著的黑褐色斑和棕色及白色羽缘；下体白色，颈侧、胸侧淡棕褐色且具黑色纵纹。冬羽：上体较浅，胸侧和两胁淡棕褐色消失。

生活习性：栖息于沿海或内陆淡水与盐水湖泊、河流、水塘和泽沼地带。常单独或成小群觅食，有时也集成大的觅食群。主要以昆虫为食，也吃小鱼、植物种子等。

分布状况：见于各省。在闪电河湿地见于4～10月。

张岩/摄

张岩/摄

鹬科

流苏鹬

学　名：*Calidris pugnax*

英文名：Ruff

形态特征：体长26～33厘米。嘴短，黑色，微向下弯曲，有时基部缀有褐色或红色。夏羽：雄鸟背部深褐色具浅色鳞状斑纹，喉皮黄色，前颈及胸部具白色、黑色及棕色等变化不一的流苏状羽饰，腹部白色；雌鸟较雄鸟小，背部黑色具淡色羽缘，胸及两胁具显著的黑色斑点。冬羽：雌雄相似，雄鸟无饰羽，羽色与雌鸟夏羽相似，头至后颈淡灰褐色具白色羽缘，颊及胸具淡褐色斑纹。

生活习性：栖息于内陆河流、湖泊、沼泽湿地、稻田、草地及沿海滩涂。喜结群。以蟋蟀、蚯蚓、蠕虫等为食，有时也食少量植物的种子。

分布状况：分布于黑龙江、吉林、北京、天津、河北、山东、陕西、内蒙古、新疆（西部）、西藏（南部）、青海、云南、湖北、湖南、江西、江苏、上海、浙江、福建、广东、海南、香港、台湾。在闪电河湿地见于4～10月。

张岩/摄

张岩/摄

鹬科

大沙锥

学　名：*Gallinago megala*

英文名：Swinhoe's Snipe

形态特征：体长26～29厘米。头顶中央冠纹、眉纹与颊纹淡黄褐色，背部绒黑色并杂有棕白色及红棕色斑纹。腹部白色，两侧具黑褐色横斑。外侧尾羽窄而短小，站立时尾远远超过翅尖。飞翔时两脚露出尾外很少。翼下较暗，具密集的黑褐色斑点。嘴肉色，端褐色。

生活习性：栖息于沼泽、湖泊、河流、水塘、芦苇沼泽和水稻田地带。常单独、成对或成小群活动。主要以昆虫及其幼虫、环节动物、甲壳类等小型无脊椎动物为食。

分布状况：见于各省。在闪电河湿地见于4～10月。

杨德森/摄

张岩/摄

鹬科

扇尾沙锥

学　名：*Gallinago gallinago*

英文名：Common Snipe

形态特征：体长25～29厘米。嘴粗长而直，上体黑褐色，头顶具乳黄色或黄白色中央冠纹，侧冠纹黑褐色，眉纹乳黄白色，贯眼纹黑褐色。背、肩黑褐色具乳黄色羽缘，背两侧及肩外侧形成4条淡黄色纵带。颈和上胸黄褐色，具黑褐色纵纹。下胸至尾下覆羽白色。

生活习性：栖息于冻原和开阔平原上的淡水或盐水湖泊、河流、芦苇塘和沼泽地带。常单独或成3～5只的小群活动。主要以昆虫、软体动物等为食，也吃小鱼、杂草种子等。

分布状况：见于各省。在闪电河湿地见于4～10月。

张岩/摄

张岩/摄

鹬科

斑尾塍鹬

学　名：*Limosa lapponica*

英文名：Bar-tailed Godwit

张岩/摄

形态特征：体长32～38厘米。嘴长而上翘，红色，尖端黑色。脚黑褐色。夏羽：栗红色，头及后颈具黑色细纵纹，背具粗拙的黑斑及白色羽缘。冬羽：头顶灰白色，具黑褐色纵纹，肩、上背黑褐色，羽缘浅棕色，下背、腰、尾上覆羽白色沾棕色，具灰褐色羽干纹，尾羽棕，具灰褐色横斑；眉纹白色，颏、喉白色，前胸浅褐色，其余下体淡棕色。

生活习性：栖息于沼泽湿地、稻田与海滩。喜欢集小群迁徙。主要以昆虫、软体动物为食。

分布状况：分布于黑龙江、辽宁、北京、天津、河北、山东、内蒙古、云南、四川、江西、江苏、上海、浙江、福建、广东、广西、海南、香港、澳门、台湾。在闪电河湿地见于6～9月。

鹬科

黑尾塍鹬

学　名：*Limosa limosa*

英文名：Black-tailed Godwit

形态特征：体长36～44厘米。嘴、脚、颈皆较长，嘴长而直，微向上翘，尖端较钝，黑色，基部肉色。夏羽：头、颈和上胸栗棕色，腹白色，胸和两胁具黑褐色横斑；头和后颈具细的黑褐色纵纹，背具粗著的黑色、红褐色和白色斑点；眉纹白色，贯眼纹黑色；尾白色具宽阔的黑色端斑。冬羽：上体灰褐色，下体灰色，头、颈、胸淡褐色，眉纹、颏和喉灰白色。

生活习性：栖息于平原草地和森林平原地带的沼泽、湖边和附近的草地以及沿海盐田与河口滩涂上。单独或成小群活动，冬季有时也集成大群。主要以水生和陆生昆虫及其幼虫、甲壳类动物和软体动物为食。

分布状况：见于各省。在闪电河湿地见于4～10月。

陈明/摄

鹬科

翻石鹬

学　名：*Arenaria interpres*

英文名：Ruddy Turnstone

形态特征：体长21~26厘米。夏羽：头颈白色，头顶与枕具细的黑色纵纹；胸和前颈黑色，喉仅中部为白色；下体纯白色；背、肩橙红色，具黑白色斑；下背和尾上覆羽白色。冬羽：背呈暗褐色，其余部位与夏羽相似。

生活习性：栖息于岩石海岸、海滨沙滩、泥地和潮涧地带、湖泊、河流、沼泽。常单独或成小群活动，迁徙期间也常集成大群。主要以昆虫、软体动物为食，也吃植物种子等。

分布状况：见于各省。在闪电河湿地见于4~10月。

保护级别：国家二级重点保护野生动物。

崔建军/摄

鹬科

半蹼鹬

学　名：*Limnodromus semipalmatus*

英文名：Asian Dowitcher

形态特征：体长31～36厘米。夏羽：头、颈棕红色，贯眼纹黑色；后颈具黑色纵纹；下背和腰白色，具黑色中央纹；下体棕红色，两胁前部微具黑色横斑；腋羽和翅下覆羽白色，具少许黑褐色横斑。冬羽：上体暗灰褐色，具白色羽缘；下体白色；头侧、颏、喉、颈、胸和两胁具黑褐色斑点，下胸、两胁和尾下覆羽具黑褐色横斑。

生活习性：栖息于湖泊、河流及沿海岸边草地和沼泽地上。常单独或成小群活动，性胆小而机警。主要以昆虫、软体动物为食。

分布状况：分布于黑龙江、吉林、辽宁、北京、天津、河北、山东、内蒙古、新疆、青海、湖北、江苏、上海、浙江、福建、广东、广西、香港、澳门、台湾。在闪电河湿地见于4～10月。

保护级别：国家二级重点保护野生动物。

杨德森/摄

杨德森/摄

赵永春/摄

鸥科

西伯利亚银鸥

学　名：*Larus smithsonianus*

英文名：Siberian Gull

形态特征：体长59~68厘米。头、颈、胸、腹、尾上覆羽及尾羽白色。头、颈具浅褐色纵纹。肩及背蓝灰色或鼠灰色。三级飞羽及肩部具白色月牙形斑，初级飞羽末端黑色并具白色端斑。嘴黄色。脚粉色。

生活习性：栖息于港湾、岛屿和近海沿岸以及江河湖泊地带。叫声嘹亮，节奏分明，喜欢成群飞于水面上空。主要以小鱼、甲壳类、昆虫等小型动物为食。

分布状况：除宁夏、青海、西藏外，见于各省。在闪电河湿地为夏候鸟，见于4~10月。

张岩/摄

鸥科

北极鸥

学　名：*Larus hyperboreus*

英文名：Glaucous Gull

形态特征：体长64~80厘米。嘴黄色，下嘴先端具红色斑，脚粉红色。夏羽：头、颈、腰和尾白色，肩、背和翅上覆羽淡灰色，初级飞羽基部淡灰色，端部白色，次级飞羽和三级飞羽淡灰色，尖端白色；下体白色。冬羽：头、颈具橙灰褐色纵纹，有时扩展至上胸。

生活习性：栖息于沿海各地海湾、港湾、河口、荒岛以及内陆大型湖泊、江河、外海小岛等处。常成对或成小群活动。主要以鱼、水生昆虫、甲壳类和软体动物等水生脊椎和无脊椎动物为食。

分布状况：分布于黑龙江、吉林、辽宁、北京、天津、河北、山东、新疆（北部）、西藏、江苏、上海、浙江、福建、广东、香港、台湾。在闪电河湿地见于4~6月。

张岩/摄

张岩/摄

张岩/摄

张岩/摄

鸥科

灰背鸥

学　名：*Larus schistisagus*

英文名：Slaty-backed Gull

张岩/摄

形态特征：体长55~67厘米。嘴直，黄色，下嘴先端有红色斑。脚粉红色。头、颈和下体白色，背、肩和翅黑灰色，腰、尾上覆羽和尾白色。冬季头和上胸有褐色纵纹，特别是眼周和后枕较密。飞翔时翅前后缘白色，初级飞羽黑色，末端具白色斑。

生活习性：栖息于海滨沙滩、岩石海岸、岛屿及河口地带，以及内陆河流与湖泊。成对或成小群活动。以鱼类、软体动物、环节动物、甲壳动物、棘皮动物、小型哺乳类动物尸体、雏鸟及卵、昆虫等为食。

分布状况：分布于黑龙江、吉林、辽宁、北京、天津、河北、山东、内蒙古（东部）、云南、江西、江苏、上海、浙江、福建、广东、广西、香港、台湾。在闪电河湿地见于4~6月。

张岩/摄

张岩/摄

陈明/摄

崔建军/摄

鸥科

红嘴鸥

学　名：*Chroicocephalus ridibundus*

英文名：Black-headed Gull

形态特征：体长37～43厘米。嘴细长，暗红色，先端略缀黑色。夏羽：头及颈上部咖啡褐色，眼周白色，背、肩灰色，初级飞羽外侧白色具黑色端斑，其余体羽白色，飞翔时翼外缘白色。冬羽：和夏羽相似，头白色，眼后具一褐色斑。

生活习性：栖息于内陆湖泊、河流、河口、鱼塘、水田、沼泽湿地及海滨。多成小群活动。以小鱼、水生昆虫、甲壳类及软体动物等为食，也食蝇、鼠、蜥蜴、死鱼及其他小动物的尸体。

分布状况：见于各省。在闪电河湿地见于4～10月。

赵永春/摄

鸥科

棕头鸥

学　名：*Chroicocephalus brunnicephalus*

英文名：Brown-headed Gull

形态特征：体长41～46厘米。嘴、脚深红色。夏羽：头淡褐色，在靠颈部具黑色羽缘，形成黑色领圈；肩、背淡灰色，腰、尾和下体白色；外侧两枚初级飞羽黑色，具白色次端斑；其余初级飞羽基部白色，具黑色端斑。冬羽：头、颈白色，眼后具一暗色斑，其余和夏羽相似。

生活习性：栖息于高山和高原湖泊、水塘、河流和沼泽海岸、港湾、河口及山脚平原湖泊、水库和大的河流中。常成群活动。主要以鱼、软体动物、甲壳类动物和水生昆虫为食。

分布状况：分布于北京、天津、河北、山东、陕西、内蒙古、甘肃、新疆、西藏、青海、云南、四川、浙江、香港。在闪电河湿地见于4～10月。

崔建军/摄

崔建军/摄

鸥科

遗鸥

学　名：*Ichthyaetus relictus*

英文名：Relict Gull

形态特征：体长39～46厘米。夏羽：整个头部深棕褐色至黑色，腰、尾及腹部白色，背肩淡灰色，眼的上、下方及后缘具有显著的白斑。冬羽：头白色，后颈具暗色纹，形成一横向带斑，直至颈侧基部。

生活习性：栖息于开阔平原、荒漠与半荒漠地带的咸水或淡水湖泊、沿海潮间带滩涂。主要以水生昆虫和水生无脊椎动物等为食物。

分布状况：分布于北京、天津、河北、山东、河南、山西、陕西、内蒙古、宁夏、甘肃、新疆、西藏、青海、云南、四川、湖北、湖南、江西、江苏、上海、福建、广东、香港、台湾。在闪电河湿地见于4～6月。

保护级别：国家一级重点保护野生动物。

崔建军/摄

鸥科

红嘴巨燕鸥

学　名：*Hydroprogne caspia*

英文名：Caspian Tern

崔建军/摄

形态特征：体长49～55厘米。夏羽：前额至头顶黑色，具黑色短冠羽；颈、颏、喉、尾上覆羽、尾和整个下体白色；背、肩和翅上覆羽银灰色。冬羽：和夏羽大致相似，但额和头顶白色，具黑色纵纹；有些头全为白色，仅耳区有黑色斑，上体较淡。

生活习性：栖息于海边沙滩、河流、湖泊、岛屿及沼泽。多单独或成小群活动。主要以小鱼为食，也食甲壳类动物及水生无脊动物等。

分布状况：分布于吉林、辽宁、河北、北京、天津、山东、内蒙古、新疆、江西、江苏、上海、浙江、福建、广东、广西、海南、云南、香港、澳门、台湾。在闪电河湿地见于4～10月。

赵永春/摄

陈明/摄

赵永春/摄

鸥科

普通燕鸥

学　名：*Sterna hirundo*

英文名：Common tern

形态特征：体长31～38厘米。夏羽：额、头顶、枕黑色，背蓝灰色，胸、腹淡灰色，初级飞羽外、外侧尾羽外黑色，嘴红色，端部黑色，脚红色。冬羽：头顶、枕黑色，前额、颊、颈侧、胸、腹白色，背鼠灰色，嘴黑色，其余似夏羽。

生活习性：栖息于平原、草地、湖泊、河流、沿海滩涂。多成小群栖息。以小鱼、甲壳类动物及昆虫等为食。

分布状况：分布于黑龙江、吉林、辽宁、河北、天津、山东、河南、山西、陕西、内蒙古、江苏、上海、浙江、福建、广东、广西、海南、新疆、西藏、北京、江西、宁夏、甘肃、青海、贵州、四川、湖北、香港、台湾。在闪电河湿地见于4～10月。

鸥科

白额燕鸥

学　名：*Sternula albifrons*

英文名：Little Tern

形态特征：体长22～27厘米。叉尾。夏羽：嘴黄色、先端黑色额白色，头顶、后颈黑色，贯眼纹黑色且与头顶黑色连为一体，背部淡灰色，胸、腹、尾上覆羽、尾羽白色。冬羽：和夏羽基本相似，但头顶前部白色杂有黑色，仅后顶和枕为黑色，嘴黑色。

生活习性：栖息于河流、湖泊、水库、水塘、沼泽、沿海滩涂、岛屿。多集群活动。以小鱼、甲壳类动物、软体动物及昆虫等为食。

分布状况：除西藏、广西外，见于各省。在闪电河湿地见于4～10月。

崔建军/摄

崔建军/摄

陈咏华/摄

鸥科

灰翅浮鸥

学　名：*Chlidonias hybrida*
英文名：Whiskered Tern

形态特征：体长24～26厘米。夏羽：前额自嘴基沿眼下缘经耳区到后枕的整个头顶部黑色；颏、喉和眼下缘的整个颊部白色；前颈和上胸暗灰色，下胸、腹和两胁黑色，背至尾上覆羽和尾羽为灰色，尾下覆羽白色。冬羽：前额白色，头顶至后颈黑色，具白色纵纹；从眼前经眼和耳覆羽到后头，有一半环状黑斑。其余上体灰色，下体白色。

生活习性：栖息于开阔平原湖泊、水库、河口、海岸和附近沼泽地带。结小群活动，偶成大群，频繁地在水面上空振翅飞翔。主要以小鱼、虾、水生昆虫为食，也吃部分水生植物。

分布状况：除西藏、贵州外，见于各省。在闪电河湿地见于4～10月。

陈咏华/摄

鸥科

白翅浮鸥

学　名：*Chlidonias leucopterus*

英文名：White-winged Tern

形态特征：体长22～27厘米。夏羽：嘴暗红色，脚红色；头、颈、背和下体黑色；翼灰色，翼上小覆羽、腰、尾白色，飞翔时除尾和翼有部分白色外，通体黑色。冬羽：嘴黑色，脚暗红色，头、颈和下体白色，头顶和枕有黑斑并与眼后黑斑相连，且延伸至眼下；背和两翅灰褐色，翅尖暗色。

生活习性：栖息于内陆河流、湖泊、沼泽、河口和附近沼泽与水塘中。常成群活动。主要以小鱼、虾、昆虫、昆虫幼虫等水生动物为食。

分布状况：见于各省。在闪电河湿地见于4～10月。

赵永春/摄

崔建军/摄

燕鸻科

普通燕鸻

学　名：*Glareola maldivarum*

英文名：Oriental Pratincole

形态特征：体长20～28厘米。嘴短，基部较宽。翼尖长。尾黑色，呈叉状。夏羽：上体茶褐色，腰白色，喉乳黄色，外缘黑色，颊、颈、胸黄褐色，腹白色，翼下覆羽棕红色；嘴黑色，基部红色。冬羽：和夏羽相似，但嘴基无红色，喉斑淡褐色，外缘黑线较浅淡，其内也无白缘。

生活习性：栖息于开阔平原地区的湖泊、河流、水塘、农田、耕地和沼泽地带。非繁殖期常成群活动。主要吃金龟甲、蚱蜢、蝗虫、螳螂等昆虫，也吃甲壳类等其他小型无脊椎动物。

分布状况：除新疆、贵州外，见于各省。在闪电河湿地见于4～10月。

PTEROCLIFORMES

·沙鸡目·

本目为中型陆禽。雌雄同色；嘴细短似鸡，脚粗短，形态似鸽。两翼尖长，尾较长且中央尾羽延长。行走和飞行能力强。主要以植物果实、嫩芽、种子和昆虫为食。中国有1科3种，闪电河湿地有1科1种。

张岩/摄

张岩/摄

张岩/摄

沙鸡科

毛腿沙鸡

学　名：*Syrrhaptes paradoxus*

英文名：Pallas's Sandgrouse

形态特征：体长35~43厘米。雄鸟：前额、头顶前部和头侧棕黄色，头顶后部、后颈棕灰色，后颈基部两侧锈红色；耳斑和上胸棕灰色连成一体，胸有一条由黑褐色鳞斑连成的横带斑；背部沙棕色杂黑色横斑，腹中央具大型黑斑。雌鸟：雌鸟头顶和颈侧具黑斑，喉棕黄色后具一黑横斑，上胸灰色，下胸淡棕黄色。

生活习性：栖息于平原草地、荒漠和半荒漠地区，也栖息于盐碱森林平原和沙石原野。常成群活动。主要以植物果实、种子、嫩叶等植物性食物为食。

分布状况：分布于北京、山西、山东、内蒙古、辽宁、吉林、黑龙江、甘肃、青海、宁夏、新疆、河北、四川、广西。在闪电河湿地见于全年。

COLUMBIFORMES

·鸽形目·

本目为中型陆禽。形态似家鸽，嘴短钝，基部具蜡膜；两翼多长而尖；具圆尾或楔尾，脚短而强健；善行走和飞行。以植物嫩芽、种子、果实、嫩叶，以及昆虫和小型无脊椎动物为食。中国有1科31种，闪电河湿地有1科3种。

崔建军/摄

王秀荣/摄

鸠鸽科

山斑鸠

学　名：*Streptopelia orientalis*

英文名：Oriental Turtle Dove

形态特征：体长30~35厘米。雌雄相似。头顶灰褐色，颈两侧具黑色及蓝灰色颈斑。上背褐色，翅羽缘红褐色。下背和腰蓝灰色。下体为葡萄酒红褐色，尾黑色且具灰白色端斑。

生活习性：栖息于低山丘陵、平原，山地阔叶林、混交林、次生林，果园和农田耕地以及宅旁竹林和树上。常成对或成小群活动。主要以各种植物果实与种子为食，也吃草籽、农作物谷粒和昆虫。

分布状况：见于各省。在闪电河湿地见于全年。

鸠鸽科

灰斑鸠

学　名：*Streptopelia decaocto*

英文名：Eurasian Collared Dove

杨德森/摄

杨德森/摄

形态特征：体长25～34厘米。雌雄相似。额和头顶前部灰色，向后逐渐转为浅粉红灰色，颈后有黑色领斑。翅膀上有蓝灰色斑块，尾羽尖端为白色。下体灰色。眼周裸露皮肤白色或浅灰色。

生活习性：栖息于平原、山麓和低山丘陵地带树林中，也常出现于农田、耕地、果园、灌丛、城镇和村屯附近。多成小群或与其他斑鸠混群活动。主要以各种植物果实与种子为食，也吃草籽、农作物谷粒和昆虫。

分布状况：分布于黑龙江、辽宁、北京、天津、河北、山东、河南、山西、陕西、内蒙古、宁夏、甘肃、新疆、云南、湖北、安徽、江西、福建、广东、澳门。在闪电河湿地见于全年。

杨德森/摄

陈明/摄

陈明/摄

鸠鸽科

珠颈斑鸠

学　名：*Sterptopelia chinensis*

英文名：Spotted Dove

形态特征：体长27～34厘米。雌鸟和雄鸟相似，雌鸟少光泽。头灰色，后颈宽阔黑斑上具有白色点斑。枕、头侧和颈粉红色，上体余部褐色，羽缘较淡。胸及腹粉红色。尾羽黑褐色，外侧尾羽末端白色。嘴暗褐色，脚红色。

生活习性：栖息于有稀疏树木生长的平原、草地、低山丘陵、农田和村庄。常成小群活动，有时也与其他斑鸠混群活动。主要以植物种子为食，也吃蜗牛、昆虫等。

分布状况：分布于北京、天津、河北、山东、河南、山西、陕西、内蒙古、宁夏、甘肃、青海、云南、四川、重庆、贵州、湖北、湖南、安徽、江西、江苏、上海、浙江、福建、广东、广西、海南、云南、香港、澳门、台湾。在闪电河湿地见于全年。

CUCULIFORMES

·鹃形目·

本目为中型攀禽。雌雄羽色相似，体形瘦长；嘴较长而略下弯；翼尖长或短圆；脚短，对趾型；尾长。绝大多数种类具巢寄生习性，自己不营巢而将卵产于其他鸟类巢中，由义亲代为孵卵和育雏。主要以毛虫和其他昆虫为食。中国有1科属20种，闪电河湿地有1科3种。

李成国/摄

陈明/摄

杜鹃科

大杜鹃

学　名：*Cuculus canorus*

英文名：Common Cuckoo

形态特征：体长29～34厘米。雄鸟：头、颈、翼、背灰色，喉、上胸淡灰色，下胸、腹白色具黑色横斑，腰、尾上覆羽蓝灰色杂以黑褐色横斑，尾羽黑色杂黑褐色横纹和白色端斑。雌鸟：头、颈、背褐色，喉、上胸淡褐色且具横斑，尾褐色具黑色横斑和白色端斑。

生活习性：栖息于山地、丘陵和平原地带的森林中。性孤独，常单独活动。主要以昆虫为食。

分布状况：分布于北京、天津、河北、山西、内蒙古、辽宁、吉林、黑龙江、江苏、浙江、安徽、福建、江西、山东、河南、湖南、广东、广西、四川、贵州、云南、西藏、陕西、甘肃、青海、宁夏、新疆、香港、台湾。在闪电河湿地见于4～10月。

杜鹃科

四声杜鹃

学　名：*Cuculus micropterus*

英文名：Indian Cuckoo

形态特征：体长29～32厘米。雄鸟：头、颈深灰色，背淡褐色；喉和上胸浅灰色，下胸、腹白色具黑色横斑，背、翼与尾羽褐色，尾羽具白色斑点及黑色端斑。雌鸟：喉灰褐色，胸棕色，其余似雄鸟。

生活习性：栖息于山地森林和山麓平原地带的森林中，尤在混交林、阔叶林和林缘疏林地带活动较多。多单独或成对活动。主要以昆虫为食，有时也吃植物种子。

分布状况：除新疆、西藏、青海外，见于各省。在闪电河湿地见于4～10月。

张岩/摄

张岩/摄

张岩/摄

张岩/摄

杜鹃科

中杜鹃

学　名：*Cuculus sturatus*

英文名：Himalayan Cuckoo

形态特征：体长26～29厘米。雄鸟：上体灰色，翅缘白色，不具斑，尾黑灰色，端部白色；腹部具黑色横带。雌鸟：头、颈、背、翼、尾赤褐色，具黑褐色横斑；喉、胸、腹白色，具黑褐色横斑。

生活习性：栖息于针叶林、阔叶林、针阔混交林中。常单独活动，多站在高大而茂密的树上不断地鸣叫。主要以昆虫为食。

分布状况：分布于北京、河北、山西、内蒙古、浙江、安徽、江西、山东、河南、湖北、湖南、广东、广西、海南、四川、贵州、云南、陕西、重庆、江苏、上海、福建、香港、澳门、台湾。在闪电河湿地见于4～10月。

STRIGIFORMES

·鸮形目·

本目为猛禽，俗称猫头鹰。雌雄同色，嘴和爪弯曲呈钩状，锐利；大多具面盘，双眼向前且圆而大。绝大多数为夜行性，主要靠视觉和听觉捕食，以鼠类、鸟类和其他小型动物为食。中国有2科32种，闪电河湿地有1科5种。

鸱鸮科

纵纹腹小鸮

学　名：*Athene noctua*

英文名：Little Owl

形态特征：体长22～24厘米。雌雄相似。无耳羽簇。眼周及两眼之间白色，颏部白色。上体褐色，具白纵纹及点斑。下体白色，具褐色杂斑及纵纹。肩上有2道白色或皮黄色横斑。

生活习性：栖息于低山丘陵、林缘灌丛和平原森林地带，也出现在农田、荒漠和村庄附近的丛林中。主要以鼠类、昆虫为食，也吃小鸟、蜥蜴、蛙等。

分布状况：分布于北京、河北、山西、内蒙古、辽宁、吉林、黑龙江、江苏、山东、河南、湖南、四川、西藏、陕西、甘肃、青海、宁夏、新疆、江西、云南、湖北。在闪电河湿地见于全年。

保护级别：国家二级重点保护野生动物。

鸱鸮科

长耳鸮

学　名：*Asio otus*

英文名：Long-eared Owl

形态特征：体长33～40厘米。雌雄相似。耳羽簇长竖直如耳。面盘显著，棕黄色，皱翎完整，白色而缀有黑褐色。上体棕黄色而密杂以粗著的黑褐色羽干纹；下体棕白色而具粗著的黑褐色羽干纹。腹以下羽干纹两侧具树枝状的横枝。虹膜橙红色，嘴和爪暗铅色，尖端黑色。

生活习性：栖息于针叶林、阔叶林、针阔混交林等各种类型的森林中，也出现于林缘疏林、农田防护林和城市公园的林地中。夜行性。主要以鼠类为食，也吃昆虫、小鸟等。

分布状况：除海南外，见于各省。在闪电河湿地见于全年。

保护级别：国家二级重点保护野生动物。

张岩/摄

崔建军/摄

张岩/摄

崔建军/摄

鸱鸮科

短耳鸮

学　名：*Asio flammeus*

英文名：Short-eared Owl

形态特征：体长35～40厘米。雌雄相似。翼长，面盘显著，耳羽簇短，眼为光艳的黄色，眼圈黑色，眉纹白色。上体黄褐色，满布黑色和皮黄色点斑和条纹。胸、腹棕黄色，杂以黑褐色纵纹。

生活习性：栖息于低山、丘陵、苔原、荒漠、平原、沼泽、湖岸和草地等各类生境中，尤以开阔平原草地、沼泽和湖岸地带较多见。多在黄昏和晚上活动、猎食。主要以鼠类、昆虫、小鸟为食。

分布状况：见于各省。在闪电河湿地见于全年。

保护级别：国家二级重点保护野生动物。

鸱鸮科

雪鸮

学　名：*Bubo scandiacus*

英文名：Snowy Owl

崔建军/摄

形态特征：体长55～64厘米。雄鸟：通体白色，仅头顶、颈、肩、翼、体侧、尾上覆羽和尾羽有稀疏的点斑；面盘不明显，无耳羽簇。雌鸟：与雄鸟相似，通体白色，但头部有褐色斑点，背有暗色横斑，腰具成对褐色斑点，胸腹和两胁亦具暗色横斑。

生活习性：栖息于苔原森林、平原、旷野和森林中，特别是开阔的疏林地带。独居，划定地盘，白天活动、捕食，飞行快，休息时多站在地上。主要以啮齿类动物为食，也捕食鸟类。

分布状况：分布于黑龙江、吉林、河北、内蒙古、陕西、新疆。在闪电河湿地为迷鸟，偶见。

保护级别：国家二级重点保护野生动物。

崔建军/摄

崔建军/摄

崔建军/摄

赵永春/摄

鸱鸮科

雕鸮

学　名：*Bubo bubo*

英文名：Eurasian Eagle-owl

形态特征：体长60~75厘米。耳羽黑褐色，长而显著，头、颈、背黄褐色具黑色斑点及纵纹。面盘淡棕黄色，杂以褐色细斑，喉白色。胸、腹浅褐色，胸及两肋具浅黑色纵纹，腹具黑色斑纹。

生活习性：栖息于山地森林、平原、荒野、林缘灌丛、疏林，以及裸露的高山和峭壁等各类环境中。除繁殖期外，常单独活动。主要以鼠类动物为食，也吃兔类、刺猬、昆虫、以及其他鸟类等。

分布状况：除海南外，见于各省。在闪电河湿地见于全年。

保护级别：国家二级重点保护野生动物。

CAPRIMULGIFORMES

·夜鹰目·

本目为夜行性攀禽。雌雄同色；头较扁平；嘴极短小，但嘴裂宽阔，有发达的嘴须。白天大多蹲伏在多树的树枝上或藏在洞穴中。多以昆虫为食。中国有4科22种，闪电河湿地有2科2种。

夜鹰科

普通夜鹰

学　名：*Caprimulgus indicus*

英文名：Grey Nightjar

形态特征：体长26～29厘米。雄鸟：上体灰褐色，密杂以黑褐色和灰白色虫蠹斑；喉具白斑；飞羽具白斑，中央尾羽黑色，外侧两对尾羽有白色次端斑。雌鸟：似雄鸟，飞羽具黄斑，外侧尾羽无白斑。

生活习性：栖息于阔叶林和针阔混交林地区。单独或成对活动，夜行性。主要以昆虫为食。

分布状况：除新疆、青海外，见于各省。在闪电河湿地见于全年。

雨燕科

普通雨燕

学　名：*Apus apus*

英文名：Common Swift

形态特征：体长17～21厘米。额和喉部沾淡灰色，头和上体黑褐色。胸有灰色细横带。翅镰刀形。尾分叉。

生活习性：主要栖息于森林、平原、荒漠、海岸、城镇等各类生境中。白天常成群在空中飞翔捕食。主要以昆虫为食。

分布状况：分布于黑龙江、吉林、辽宁、北京、天津、河北、山东、河南、山西、陕西、内蒙古、宁夏、甘肃、新疆、西藏、青海、四川（西北部）、湖北（西部）、江苏。在闪电河湿地见于4～10月。

CORACIIFORMES

·佛法僧目·

本目为树栖性中小型攀禽。雌雄大多同色；喙长且有力，脚短，并趾型；尾多为平尾或圆尾，有的中央尾羽延长，极具特色。主要以鱼、虾、昆虫和植物果实为食。中国有3科23种，闪电河湿地有1科3种。

翠鸟科／蓝翡翠

学　名：*Halcyon pileata*

英文名：Black-capped Kingfisher

张岩/摄

形态特征：体长28～30厘米。头部黑色，喉、颈、胸白色，背、腰和尾上覆羽钴蓝色，尾为钴蓝色，尾下黑色。翅上覆羽黑色，形成一大块黑斑。飞行时，白色翼斑明显。

生活习性：栖息于林中溪流以及山脚与平原地带的河流、水塘和沼泽地带。常单独活动。主要以小鱼、虾、蟹、水生昆虫为食。

分布状况：除新疆、西藏、青海外，见于各省。在闪电河湿地见于4～10月。

张岩/摄

翠鸟科 / 冠鱼狗

学　名：*Megaceryle lugubris*

英文名：Crested Kingfisher

形态特征：体长37～43厘米。头顶具黑白色长冠羽，后颈具白色领环，且向两侧斜伸至嘴基部。上胸具横带，雌鸟黑色，雄鸟杂棕色。下胸和腹白色。背部黑色且具白色横斑及斑点，两胁具黑色横斑，尾黑色且具白色横斑。嘴前端黑色，后端蓝灰色。

生活习性：栖息于林中溪流、山脚平原、灌丛或疏林、小河、溪涧、湖泊以及灌溉渠等地。平时常独栖在近水边的树枝顶、电线杆顶或岩石上。主要以小鱼、虾、水生昆虫为食。

分布状况：分布于吉林、辽宁、北京、天津、河北、山东、河南、山西、陕西、内蒙古（东部）、宁夏、甘肃、云南、四川、重庆、贵州、湖北、湖南、安徽、江西、江苏、浙江、福建、广东、广西、海南、香港。在闪电河湿地见于4～10月。

翠鸟科

普通翠鸟

学　名：*Alcedo atthis*

英文名：Common Kingfisher

赵永春/摄

形态特征：体长15～18厘米。雄鸟：前额、头顶、枕和后颈黑绿色；前额侧部、颊、眼后和耳覆羽栗棕红色，耳后有一白色斑；背至尾上覆羽翠蓝色。颏、喉白色，胸腹棕红色。雌鸟：上体羽色较雄鸟稍淡，多蓝色，少绿色；头顶呈灰蓝色，胸、腹棕红色较雄鸟淡。

生活习性：栖息于有灌丛或疏林且水清澈而缓流的小河、溪涧、湖泊以及灌溉渠等水域。常单独活动。主要以小鱼、虾、蝼蛄为食。

分布状况：见于各省。在闪电河湿地见于4～10月。

崔建军/摄

BUCEROTIFORMES

·犀鸟目·

本目为攀禽。雌雄大多同色；喙长而弯，喙基顶部常具盔突。或具发达的羽冠。脚强健。尾长。犀鸟行为独特，繁殖期雌鸟会被封于洞中孵卵和育雏，雄鸟在洞外递送食物，多以植物果实和昆虫为食物。中国有2科6种，闪电河湿地有1科1种。

戴胜科

戴胜

学　名：*Upupa epops*

英文名：Common Hoopoe

陈明 / 摄

形态特征：体长19～32厘米。头顶羽冠长而阔，呈扇形，沙粉红色，具黑色端斑和白色次端斑。颈、上背、肩、上胸棕色，下背、翼黑色杂白色横斑，下胸、腹白色杂褐色纵纹，腰白色。初级飞羽和尾黑色，中部均具一道白横斑。嘴黑色，长而向下弯曲，基部淡肉色。

生活习性：栖息于山地、平原、森林、林缘、路边、河谷、农田、草地、村屯和果园等开阔地。多单独或成对活动，常在地面上慢步行走。主要以昆虫为食。

分布状况：见于各省。在闪电河湿地见于4～10月。

赵永春 / 摄

PICIFORMES

·啄木鸟目·

本目为攀禽。雌雄多为同色或羽色差异较小。喙大多呈凿状，坚实有力；脚短而强健、对趾型；尾较长，多为楔尾或平尾。善攀爬。主要以昆虫、植物种子和果实为食。中国有3科43种，闪电河湿地有1科4种。

啄木鸟科

蚁䴕

学　名：*Jynx torquilla*

英文名：Eurasian Wryneck

形态特征：体长16～19厘米。嘴直，短锥状。头顶、背银灰色或淡灰色且具黑色虫蠹状斑，中央具一条黑色纵带。上胸淡棕黄色，下胸及腹部白色具褐色斑。两翼锈色且具黑色斑，尾灰褐色具3～4道黑色横斑。虹膜褐色。嘴、跗跖及趾黄褐色。

生活习性：栖息于低山和平原开阔的疏林地带，尤喜阔叶林和针阔叶混交林，有时也出现于针叶林、林缘灌丛、河谷、田边和居民点附近的果园等处。除繁殖期成对以外，常单独活动。主要以蚂蚁、蚁卵、蛹为食。

分布状况：见于各省。在闪电河湿地为迷鸟，偶见。

刘洵/摄

刘洵/摄

啄木鸟科

大斑啄木鸟

学　名：*Dendrocopos major*

英文名：Great Spotted Woodpecker

形态特征：体长20~25厘米。头至尾黑色，额棕色，颊棕黄色，颏、喉污白色。翼具大的白斑和白色横斑，外侧尾羽白色且具黑横斑。胸污白色，腹及尾下覆羽鲜红色。雄鸟枕红色，雌鸟枕黑色。

生活习性：栖息于山地和平原针叶林、针阔叶混交林和阔叶林中。常单独或成对活动。主要以昆虫为食，也吃植物种子、果实等植物性食物。

分布状况：分布于黑龙江、内蒙古、吉林、辽宁、河北、山东、河南、山西、安徽、江苏、上海、宁夏、甘肃、青海、西藏、新疆、四川、贵州、湖北、云南、江西、浙江、广东、海南。在闪电河湿地见于全年。

啄木鸟科

星头啄木鸟

学　名：*Dendrocopos canicapillus*

英文名：Grey-capped Woodpecker

形态特征：体长15～18厘米。雄鸟：额至头顶灰黑色或灰褐色，喉正中白色，眉纹白色延伸至颈侧；枕和后颈黑色，枕两侧各具一深红色斑；上背、肩和尾上覆羽黑色，下背和腰白色杂以黑褐色横斑；胸、腹棕黄色且具粗拙的黑色纵纹。雌鸟：枕侧无红色斑。

生活习性：栖息于阔叶林、针阔混交林、针叶林及灌丛中。多单独或成对活动。以天牛、蚂蚁、甲虫等为食。

分布状况：分布于辽宁（西南部）、河北、北京、天津、山东、河南、山西、宁夏、甘肃、湖北、安徽、江苏、浙江、福建（西北部）、黑龙江、吉林、内蒙古、四川、云南、贵州、江西、上海、广东、广西、海南、台湾。在闪电河湿地见于全年。

崔建军/摄

张岩/摄

崔建军/摄

陈明/摄

啄木鸟科

灰头绿啄木鸟

学　名：*Picus canus*

英文名：Grey-headed Woodpecker

形态特征：体长25～30厘米。雄鸟：头顶朱红色，后头、颈灰绿色，髭纹黑色，胸、腹黄绿色，背、翼暗绿色，初级飞羽黑色且具白色点斑，腰、尾黄绿色，尾具淡黄色横斑。雌鸟：头顶灰绿色。

生活习性：栖息于阔叶林、针阔混交林、次生林及林缘地带。多单独或成对活动，很少成群。以蚂蚁、天牛幼虫等鳞翅目、鞘翅目和膜翅目昆虫为食。

分布状况：见于各省。在闪电河湿地见于全年。

PASSERIFORMES

·雀形目

本目为鸣禽。体形大小不一，羽色多样；喙形多样，鸣管结构及鸣肌复杂，大多善鸣啭，叫声多变悦耳；腿细弱，离趾型足，趾三前一后，后趾与中趾等长。栖息于各类环境，杂食性。中国有55科808种，闪电河湿地有22科82种。

百灵科/角百灵

学　名：*Ermophlia alpestris*

英文名：Horned Lark

形态特征：体长15~17厘米。上体棕褐色至灰褐色，前额白色，顶部红褐色，在额部与顶部之间具宽阔的黑色带纹，带纹的后两侧有黑色羽毛突起于头后如角。下体白色，有黑色宽阔胸带，尾暗褐色，外侧一对尾羽白色。雌鸟和雄鸟相似，但羽冠短或不明显，胸部横带较窄小。

生活习性：栖息于高山、高原草地、荒漠、半荒漠、戈壁滩和高山草甸等草原地区。平时多单独或成对活动，冬季较喜成群。主要以植物性食物为食，也吃昆虫。

分布状况：分布于黑龙江、辽宁、北京、河北、内蒙古、山西（北部）、陕西、宁夏、甘肃、新疆、青海、四川、西藏。在闪电河湿地见于全年。

百灵科

短趾百灵

学　名：*Alaudala cheleensis*

英文名：Asian Short-toed Lark

形态特征：体长14～16厘米。上体羽浅沙棕色，略沾粉红色，尾上覆羽浅红棕色，各羽均具黑褐色纵纹，多而密，甚显著。眉纹、眼周棕白色。颊部棕栗色。下体羽在颏喉部污灰白色。前胸灰白色，缀栗褐色纵纹。腹部和尾下覆羽白色。

生活习性：栖息于沙质环境的草原和半荒漠。常成十几只的小群活动于芨芨草沙地和白刺沙地。主要以植物性食物为食，也吃昆虫。

分布状况：分布于黑龙江、吉林、辽宁、北京、天津、河北、山东、山西、陕西、内蒙古、宁夏、四川、江苏、浙江、西藏、青海、甘肃、新疆、台湾。在闪电河湿地见于全年。

张岩/摄

张岩/摄

崔建军/摄

百灵科

凤头百灵

学　名：*Galerida cristata*

英文名：Crested Lark

形态特征：体长16～19厘米。具羽冠，冠羽长而窄，眉纹近黄色。上体沙褐色而具近黑色纵纹，尾覆羽皮黄色。下体浅皮黄色，胸密布近黑色纵纹。看似矮墩而尾短，嘴略长而下弯。飞行时两翼宽，翼下锈色。尾深褐而两侧黄褐色。

生活习性：栖息于干燥平原、开阔平原、沿海平原、旷野、半荒漠、沙漠边缘、草地、低山平地、荒地、河边、沙滩、草丛、坟地、荒山坡、农田和弃耕地。非繁殖期多结群生活。主要以植物性食物为食，也吃昆虫。

分布状况：分布于辽宁、北京、河北、山东、河南、山西、陕西、内蒙古（东部与西部）、甘肃、西藏（南部）、青海、四川（北部）、湖北、江苏、宁夏、新疆。在闪电河湿地见于全年。

百灵科

蒙古百灵

学　名：*Melanocorypha mongolica*

英文名：Mongolian Lark

崔建军/摄

形态特征：体长17～22厘米。雌雄相似。头顶周围栗红色，中央棕黄色，两条长而显著的白色眉纹在枕部相接。上体黄褐色，具棕黄色羽缘，下体白色，胸部具有不连接的黑色宽阔横带，两胁稍杂以栗纹，颊部皮黄色。

生活习性：栖息于草原、半荒漠、河流和湖泊岸边的草地、沿海滩涂。繁殖期常单独或成对活动，非繁殖期则喜成群。主要以植物种子为食，也吃昆虫。

分布状况：分布于黑龙江（西南部）、吉林（西部）、北京、天津、河北（北部）、山东、陕西（北部）、内蒙古、宁夏、甘肃（西部）、青海（东部）、云南。在闪电河湿地见于1～3月和10～12月。

保护级别：国家二级重点保护野生动物。

崔建军/摄

崔建军/摄

陈明/摄

百灵科

云雀

学　名：*Alauda arvensis*

英文名：Eurasian Skylark

形态特征：体长17～19厘米。头具短的羽冠，眉纹白色或棕白色，上体呈较暗的沙棕色，羽缘红棕色，羽干纹黑色。胸淡棕褐色且具黑褐色纵纹，腹部白色或棕白色，尾羽黑褐色，最外尾羽白色。

生活习性：栖息于开阔的高原草坪、荒地、干旱平原、草原、泥淖及沼泽边缘。成群迁徙，鸟群通常不超过10只个体，一般会分成更小的鸟群。主要以植物性食物为食，也吃昆虫。

分布状况：分布于黑龙江、吉林、辽宁、北京、天津、河北、山东、河南、山西、陕西、内蒙古（东北部）、宁夏、甘肃、湖北、湖南、安徽、江西、江苏、上海、浙江、福建、广东、香港、澳门、台湾。在闪电河湿地见于全年。

保护级别：国家二级重点保护野生动物。

伯劳科

虎纹伯劳

学　名：*Lanius tigrinus*
英文名：Tiger Shrike

形态特征：体长16～19厘米。雄鸟：头顶至后颈青灰色；自前额基部、眼先向后，经头侧过眼达于耳区，有宽阔的黑色过眼纹；背部、两翼和尾栗棕色具黑色波状横纹，胸、腹为白色。雌鸟：额基黑色斑较小；眼先和眉纹暗灰白色；胸侧及两胁白色，具有黑褐色横斑。

生活习性：栖息于低山丘陵和山脚平原地区的森林和林缘地带。性凶猛，多单独或成对活动。主要以昆虫为食，也吃植物、小鸟。

分布状况：除新疆、青海、海南外，见于各省。在闪电河湿地见于4～10月。

张岩/摄

陈明/摄

伯劳科

红尾伯劳

学　名：*Lanius cristatus*

英文名：Brown Shrike

形态特征：体长18～21厘米。头顶灰色或红棕色，上体棕褐色或灰褐色，颏、喉白色，具粗著的黑色贯眼纹，两翅黑褐色，尾上覆羽红棕色，尾羽棕褐色，尾呈楔形。下体棕白色，两胁较多棕色，腋羽亦为棕白色。

生活习性：栖息于低山丘陵和山脚平原地带的灌丛、疏林和林缘地带。单独或成对活动，性活泼。主要以昆虫为食。

分布状况：分布于黑龙江、吉林、辽宁、北京、天津、河北、山东、河南、山西、陕西、内蒙古（东部）、甘肃、青海、云南、四川、贵州、湖北、湖南、江苏、上海、福建、广东、广西、海南、香港、澳门、台湾。在闪电河湿地见于4～10月。

陈明/摄

伯劳科

楔尾伯劳

学　名：*Lanius sphenocercus*

英文名：Chinese Grey Shrike

形态特征：额至尾上覆羽灰色，贯眼纹黑色，眉纹白色，胸、腹灰色。翼黑色，初级飞羽和次级飞羽基部白色，在翼上形成白色斑块。中央尾羽黑色，外侧尾羽白色，尾呈斑状。

生活习性：栖息于平原、草地、林缘、农田、旷野、荒漠及半荒漠等地带的林地，尤以有稀疏树木或灌丛生长的平原湖泊及溪流附近较常见。多单独或成对活动，飞行快速，较凶猛。主要以昆虫为食，也捕食小鸟。

分布状况：分布于黑龙江（东部）、吉林（东部）、辽宁、河北、北京、天津、河南、山东、山西、陕西、内蒙古、宁夏、甘肃、青海、湖北、湖南、安徽、江西、江苏、上海、浙江、福建、广东、广西、西藏、四川、台湾。在闪电河湿地见于全年。

杨德森/摄

鸫科

红尾斑鸫

学　名：*Turdus naumanni*

英文名：Naumann’s Thrush

形态特征：体长23～25厘米。头部额、顶、枕及两颊灰褐色，胸白色具红棕色鳞状斑。腰红棕色，眼上可见白色或红棕色眉纹。背部颜色以棕褐色为主。下体白色，在胸部有红棕色斑纹。两肋和臀部具红棕色鳞状斑，起飞时，尾羽展开呈红棕色。

生活习性：栖息于山地、森林、灌丛、草原环境。一般单独在田野的地面上栖息。主要以昆虫为食。

分布状况：除西藏、海南外，见于各省。在闪电河湿地见于4～10月。

鸫科

赤颈鸫

学　名：*Turdus ruficollis*

英文名：Red-throated Thrush

形态特征：雄鸟：头、背灰褐色，额、头顶具黑色条纹，眉纹栗色，颏、喉及上胸红褐色，下胸、腹、尾下覆羽灰白色，两胁具褐色纹。雌鸟：眉皮黄色，颏、喉、上胸白色具栗黑色斑点，胸灰褐色具栗色斑。

生活习性：栖息于山地林间、林缘、果园和农田。多集小群活动。以昆虫为食，也食小鱼、虾、田螺等小型脊椎动物、无脊椎动物和植物的果实与种子。

分布状况：分布于黑龙江、吉林、辽宁、北京、河北、山东、山西、陕西、内蒙古、宁夏、甘肃、新疆、青海、云南、四川、重庆、湖北、上海、浙江、台湾。在闪电河湿地见于1～3月和10～12月。

张岩/摄

安国平/摄

鸫科

白眉鸫

学　名：*Turdus obscurus*
英文名：Eyebrowed Thrush

形态特征：体长19～23厘米。雄鸟：头、颈灰褐色，具长而显著的白色眉纹，眼下有一白斑，上体橄榄褐色，胸和两胁橙黄色，腹和尾下覆羽白色。雌鸟：头和上体橄榄褐色，喉白色而具褐色条纹，其余和雄鸟相似，但羽色稍暗。

生活习性：栖息于针阔混交林、针叶林、杨桦林、常绿阔叶林、杂木林、林缘疏林草坡、果园和农田地带。性胆怯，爱躲藏，常单独或成对活动。主要以鞘翅目、鳞翅目等昆虫及其幼虫为食，也吃其他小型无脊椎动物和植物果实与种子。

分布状况：除西藏外，见于各省。在闪电河湿地见于1～4月和11～12月。

鹡鸰科

山鹡鸰

学　名：*Dendronanthus indicus*

英文名：Forest Wagtail

王秀荣/摄

形态特征：体长16～18厘米。头部灰褐色，眉纹白色，背部橄榄褐色，下体白色，胸部具有两道黑色横斑纹，下面的横斑纹有时不连续。两翼黑褐色，具有2条白色翅斑。尾羽褐色，最外侧一对尾羽白色。

生活习性：栖息于低山丘陵地带的山地森林、混交林、落叶林和果园。常单独或成对在开阔森林地面穿行。主要以昆虫为食。

分布状况：除新疆、西藏外，见于各省。在闪电河湿地见于4～10月。

王秀荣/摄

崔建军/摄

陆龙/摄

鹡鸰科

白鹡鸰

学　名：*Motacilla alba*

英文名：White Wagtail

形态特征：体长17～19厘米。额头顶前部和脸白色，头顶后部、枕和后颈黑色。颏、喉白色或黑色，胸黑色，背、肩黑色或灰色，飞羽黑色，外缘以白色狭边。翅上小覆羽灰色或黑色，中覆羽、大覆羽白色或尖端白色。尾长而窄，尾羽黑色，最外侧两对尾羽主要为白色。下体白色。

生活习性：栖息于河流、湖泊、水库、水塘等水域岸边，也栖息于农田、沼泽等湿地。常单独、成对或成3～5只的小群活动。主要以昆虫为食，也吃植物种子等植物性食物。

分布状况：见于各省。在闪电河湿地见于4～10月。

鹡鸰科

灰鹡鸰

学　名：*Motacilla cinerea*

英文名：Gray Wagtai

安国平/摄

贾亦飞/摄

形态特征：体长17～19厘米。雄鸟：前额、头顶、枕和后颈灰色或深灰色，肩、背灰色沾暗绿褐色或暗灰褐色；腰及尾上覆羽鲜黄色，部分沾有褐色，中央尾羽黑色或黑褐色，眼先、耳羽灰黑色，眉纹白色；颏、喉夏季为黑色，冬季为白色；下体鲜黄色。雌鸟：和雄鸟相似，但雌鸟上体较绿灰，颏、喉冬夏都为白色。

生活习性：栖息于溪流、河谷、湖泊、水塘、沼泽等水域岸边，或水域附近的草地、农田、住宅和林区居民点。常单独或成对活动。主要以昆虫为食。

分布状况：见于各省。在闪电河湿地见于4～10月。

赵永春/摄

陈明/摄

陈明/摄

陈明/摄

鹡鸰科

黄头鹡鸰

学　名：*Motacilla citreola*

英文名：Citrine Wagtail

形态特征：体长15~19厘米。雄鸟：头鲜黄色，背黑色或灰色；胸、腹黄色。翅黑褐色，翅上大覆羽、中覆羽和内侧飞羽具宽的白色羽缘；尾上覆羽和尾羽黑褐色，外侧两对尾羽具大型楔状白斑。雌鸟：额和头侧辉黄色，头顶黄色，羽端杂有少许灰褐色，两胁绿色较浓，其他同雄鸟相似。

生活习性：栖息于湖畔、河边、农田、草地、沼泽等各类生境中。常成对或成小群活动，也见有单独活动的。主要以昆虫为食，也吃杂草种子等植物性食物。

分布状况：分布于黑龙江、吉林、辽宁、北京、河北、山东、河南、山西、陕西、内蒙古、宁夏、甘肃、西藏、青海、云南、四川、贵州、湖北、湖南、安徽、江西、江苏、上海、浙江、福建、广东、甘肃、新疆、青海、香港、台湾。在闪电河湿地见于4~10月。

鹡鸰科

黄鹡鸰

学　名：*Motacilla tschutschensis*

英文名：Eastern Yellow Wagtail

形态特征：体长15～18厘米。头顶和后颈蓝灰色，眉纹白色、黄色或黄白色，或无眉纹。上体主要为橄榄绿色或灰色，胸、腹黄色。飞羽黑褐色具2道白色或黄白色横斑。尾较长、黑色，外侧两对尾羽主要为白色。

生活习性：栖息于低山丘陵、平原以及海拔4000米以上的高原和山地。多成对或成3～5只的小群活动，迁徙期亦见数十只的大群活动。主要以昆虫为食。

分布状况：分布于黑龙江、吉林、辽宁、北京、河北、山东、河南、陕西、内蒙古（中部和东北部）、宁夏、甘肃、西藏（南部）、云南（西部和南部）、四川、湖北、湖南、江西、江苏、上海、浙江、福建、广东、海南、香港、澳门、台湾。在闪电河湿地见于4～10月。

杨德森/摄

贾亦飞/摄

崔建军/摄

赵永春/摄

陈明/摄

陈明/摄

鹡鸰科

田鹨

学　名：*Anthus richardi*

英文名：Richard's Pipit

形态特征：体长15～19厘米。上体多为黄褐色或棕黄色，头顶和背具暗褐色纵纹，眼先和眉纹皮黄白色。下体白色或皮黄白色，喉两侧有一暗褐色纵纹，胸具暗褐色纵纹。尾黑褐色，最外侧一对尾羽白色。后爪长。

生活习性：栖息于开阔平原、草地、河滩、林缘灌丛、林间空地以及农田和沼泽地带。常单独或成对活动，迁徙季节亦成群。主要以昆虫为食，也吃杂草种子等植物性食物。

分布状况：除台湾外，见于各省。在闪电河湿地见于4～10月。

鹡鸰科

树鹨

学　名：*Anthus hodgsoni*

英文名：Olive-backed Pipit

形态特征：体长15～16厘米。头、背绿褐色且具褐色纵纹，眉纹乳白色。耳羽褐色，后具一白斑。颏、喉及腹部棕白色，喉侧具黑褐色纵纹。胸、胁皮黄白色或棕白色，具黑褐色纵纹。尾羽褐色，最外侧一对尾羽白色。

生活习性：栖息于阔叶林、混交林和针叶林等山地森林中。常成对或成3～5只的小群活动，迁徙期间亦集成较大的群。主要以昆虫为食，也吃杂草种子等植物性食物。

分布状况：见于各省。在闪电河湿地见于4～10月。

杨德森/摄

崔建军/摄

崔建军/摄

崔建军/摄

鹡鸰科

水鹨

学　名：*Anthus spinoletta*

英文名：Water Pipit

形态特征：体长15～17厘米。头、背灰褐色且具不明显黑褐色纵纹，眉纹棕白色，耳羽褐色。胸、腹杏黄色，两侧具深色细纵纹。两翼暗褐色，具2道白色翼斑。尾羽黑色，最外侧一对尾羽白色。冬季腹部暗皮黄色，胸及两肋暗褐色纵纹明显。嘴略黑，冬季下嘴粉红色。跗跖黑褐色至肉褐色。

生活习性：栖息于河流、沼泽、湖泊、草地、农田。常单独或成小群活动。以昆虫和其他小型无脊椎动物为食，也食植物的嫩枝、嫩叶、果实、种子等。

分布状况：分布于辽宁、北京、河北、山东、河南、山西、陕西、内蒙古、宁夏、甘肃、新疆、青海、云南、四川、湖南、湖北、安徽、江西、江苏、上海、浙江、福建、广东、台湾。在闪电河湿地见于4～10月。

岩鹨科

领岩鹨

学　名：*Prunella collaris*

英文名：Alpine Accentor

形态特征：体长14～18厘米。头、颈、上背及胸灰褐色下背至尾上覆羽栗褐色。喉具黑白相间的横斑。上腹栗色，下腹黄褐色，两胁栗色，羽端白色。翼黑褐色，具白色翼斑。尾羽黑色，具白色端斑。

生活习性：栖息于高山针叶林带及多岩地带或灌木丛中，冬天下降至溪谷中栖息。除繁殖期成对或单独活动外，其他季节多成家族群或小群活动。主要以昆虫为食，也吃植物果实和种子等植物性食物。

分布状况：分布于黑龙江、辽宁、吉林、北京、河北（北部）、山东、山西、陕西（南部）、内蒙古（东北部）、四川、重庆、湖北、云南（西北部）、四川、甘肃、西藏、新疆、台湾。在闪电河湿地见于4～10月。

李显达/摄

陈咏华/摄

崔建军/摄

岩鹨科

棕眉山岩鹨

学　名：*Prunella montanella*

英文名：Siberian Accentor

形态特征：体长13～16厘米。头和头侧黑色，有一长而宽阔的皮黄色眉纹从额基一直向后延伸至后头侧。背、肩栗褐色，具黑褐色纵纹。下体黄褐色，胸侧和两胁杂有细的栗褐色纵纹。两翅黑褐色，具黄白色翅斑。

生活习性：栖息于低山丘陵和山脚平原地带的林缘、河谷、灌丛、小块丛林、农田、路边等各类生境。常单独、成对或成小群活动。主要以昆虫为食，也吃植物果实和种子等植物性食物。

分布状况：分布于黑龙江、吉林、辽宁、北京、天津、河北、山东、河南、山西、陕西、内蒙古、宁夏、甘肃、新疆、青海、四川、安徽、上海、台湾。在闪电河湿地见于全年。

椋鸟科／灰椋鸟

学　名：*Spodiopsar cineraceus*

英文名：White-cheeked Starling

赵永春/摄

形态特征：体长18～24厘米。自额、头顶、头侧、后颈和颈侧黑色微具光泽，额和头顶前部杂有白色，眼先和眼周灰白色杂有黑色，颊和耳羽白色亦杂有黑色。上体灰褐色，尾上覆羽白色，下体、颏白色，喉、胸、上腹暗灰褐色，腹中部和尾下覆羽白色。

生活习性：栖息于低山丘陵和开阔平原地带的疏林、草甸、河谷阔叶林、农田、路边和居民点附近的小块丛林中。性喜成群。主要以昆虫为食，也吃植物果实与种子。

分布状况：除西藏外，见于各省。在闪电河湿地见于4～10月。

崔建军/摄

陈明/摄

杨德森/摄

杨德森/摄

崔建军/摄

棕鸟科

丝光椋鸟

学　名：*Spodiopsar sericeus*

英文名：Silky Starling

形态特征：体长20～23厘米。嘴朱红色，脚橙黄色。雄鸟：头、颈丝光白色，颏和喉白色，背深灰色，胸灰色，往后均变淡，两翅和尾黑色。雌鸟：头顶前部棕白色，后部暗灰色，上体灰褐色，下体浅灰褐色，其他同雄鸟相似。

生活习性：栖息于阔叶丛林、针阔混交林、小块丛林和稀树草坡果园及农耕区，也出现于河谷和海岸。主要以昆虫为食，也吃桑葚、榕果等植物果实与种子。

分布状况：分布于辽宁、北京、天津、河北、山东、河南（南部）、陕西（南部）、内蒙古（中部）、甘肃、云南（南部）、四川（中部和东部）、重庆、湖北、湖南、安徽（南部）、江西、江苏、上海、浙江、福建、广东、广西、海南、香港、澳门、台湾。在闪电河湿地见于6～10月。

棕鸟科

北椋鸟

学　名：*Agropsar sturninus*

英文名：Daurian Starling

形态特征：体长17～19厘米。雄鸟：头顶至背灰色或暗灰褐色；背部闪辉紫色；两翼闪辉绿黑色并具醒目的白色翼斑；胸灰色，颈背具黑色斑块；腹部白色。雌鸟：和雄鸟大致相似，上体烟灰色，无紫色光泽；体羽显得较暗淡；头顶浅褐灰色，上体土褐色，下体灰白色。

生活习性：栖息于低山丘陵和开阔平原地带的次生阔叶林、疏林、草甸、灌丛、草地及村庄林地。性喜成群，除繁殖期成对活动外，其他时候多成群活动。主要以昆虫为食，也吃植物果实与种子。

分布状况：除西藏、新疆、青海外，见于各省。在闪电河湿地见于4～10月。

杨德森/摄

陈明/摄

赵永春/摄

陈明/摄

棕鸟科

紫翅椋鸟

学　名：*Sturnus vulgaris*

英文名：Common Starling

形态特征：体长20～24厘米。嘴黄色或铅黑色，体羽黑色，具紫色和绿色金属光泽。头、喉及前颈部呈辉亮的铜绿色；背、肩、腰及尾上覆羽为紫铜色。夏羽：斑点均消失或仅背部具少许不明显的淡蓝色或白色斑点；淡黄白色羽端，略似白斑；腹部为沾绿色的铜黑色，翅黑褐色，缀以褐色宽边。冬羽：除两翼及尾外，羽端具褐色斑点，腹部具白色班点。

生活习性：栖息于荒漠绿洲的树丛、果园、耕地、村庄。平时结小群活动，迁徙时集大群。主要以昆虫为食，也吃植物种子、果实等。

分布状况：分布于黑龙江、辽宁、北京、天津、河北、山东、山西、陕西、内蒙古（西部）、宁夏、甘肃（西部）、新疆、西藏（北部和西南部）、青海、四川、湖北、湖南、安徽、江苏、上海、浙江、福建、广东、广西、香港、台湾。在闪电河湿地见于4～5月和9～10月。

柳莺科

棕眉柳莺

学　名：*Phylloscopus armandi*

英文名：Yellow-streaked Warbler

形态特征：体长11～14厘米。头顶、颈、背、腰和尾上覆羽为沾绿色的橄榄褐色。眉纹棕白色。自眼先有一暗褐色贯眼纹伸至耳羽。颊与耳羽棕褐色。胸灰白色，胁褐色，腹部白色具黄色细纵纹。飞羽和尾羽黑褐色，具浅绿褐色羽缘，尾下覆羽淡黄皮色，腋羽黄色。嘴粗厚，上褐色，下肉色。

生活习性：栖息于林缘及河边灌丛，也栖息于生长有灌木的草甸、路边和农田地头。常单独或成对活动，有时也集成松散的小群在灌木和树枝间跳跃觅食。主要以昆虫为食。

分布状况：分布于辽宁、北京、天津、河北、山西、陕西、内蒙古、宁夏、甘肃、西藏、青海、云南（南部）、四川、重庆、贵州、湖北、湖南（北部）、江西、广西、香港。在闪电河湿地见于4～5月和9～10月。

张岩/摄

柳莺科

黄腰柳莺

学　名：*Phylloscopus proregulus*

英文名：Pallas's leaf Warbler

杨德森/摄

张岩/摄

形态特征：体长8～11厘米。上体橄榄绿色。头顶中央有一道淡黄绿色纵纹，眉纹黄绿色。腰部有明显的黄带，腹面近白色。两翅和尾黑褐色，外翈羽缘黄绿色，翅上两条深黄色翼斑明显。

生活习性：栖息于针叶林和针阔混交林，从山脚平原一直到山上部林缘疏林地带皆有栖息。单独或成对活动在高大的树冠层中，秋冬季亦成小群。主要以昆虫为食。

分布状况：见于各省。在闪电河湿地见于4～5月和9～10月。

张岩/摄

柳莺科

褐柳莺

学　名：*Phylloscopus fuscatus*
英文名：Dusky Warbler

形态特征：体长11～12厘米。上体橄榄褐色，眉纹前段白色，后段棕白色，贯眼纹暗褐色。颏、喉白色，下体乳白色，胸及两胁沾黄褐色。嘴细小，上嘴黑褐色，下嘴橙黄色，尖端暗褐色。腿细长，淡褐色。

生活习性：栖息于疏林、灌丛及林缘灌丛。性情活泼，常单独或成对活动。主要以昆虫为食。

分布状况：见于各省。在闪电河湿地见于4～5月和9～10月。

赵永春/摄

赵永春/摄

赵永春/摄

雀科 / 麻雀

学　名：*Passer montanus*

英文名：Eurasian Tree Sparrow

形态特征：体长13～15厘米。雄鸟：从额至后颈栗褐色；上体沙棕褐色，具黑色条纹；头侧、颈基本白色，耳部具一黑斑，颏和喉黑，下体污白色。雌鸟：似雄鸟，但腹部羽毛稍淡白，喉部黑斑较淡。

生活习性：栖息于山地、平原、丘陵、草原、沼泽、农田、城镇、乡村。除繁殖期外，常成群活动。主要以种子、果实等植物性食物为食，繁殖期间也吃大量昆虫。

分布状况：见于各省。在闪电河湿地见于全年。

赵永春 / 摄

山雀科

大山雀

学　名：*Parus cinereus*

英文名：Cinereous Tit

崔建军 / 摄

形态特征：体长13～15厘米。虹膜褐色。嘴黑褐色。雄鸟：头部、颏、喉到胸、腹中央和尾下覆羽黑色并具金属光泽，颊白色，背黄绿色，腰浅灰色，翼具白色横斑，腹两侧灰白色。雌鸟：体色较暗淡，少光泽，腹部黑色纵纹较细。

生活习性：栖息于低山和山麓地带的阔叶林和针阔叶混交林中，也出入人工林和针叶林。除繁殖期间成对活动外，秋冬季节多成3～5只或10余只的小群。主要以昆虫为食，也吃植物。

分布状况：分布于黑龙江、吉林、辽宁、北京、天津、河北、山东、山西、陕西、内蒙古、宁夏、甘肃、青海（东部）、四川、重庆、湖北、湖南、安徽、江苏、上海、浙江、广东、广西、云南、贵州、江西、福建、西藏、海南、香港、台湾。在闪电河湿地见于全年。

陈明 / 摄

王秀荣/摄

山雀科

煤山雀

学　名：*Periparus ater*
英文名：Coal Tit

形态特征：体长约11厘米。头顶、喉及上胸黑色，后颈中央白色，颊部和颈侧有大块白斑，上体灰色或橄榄灰色，翼上具2道白色翼斑。下体白色，带皮黄色。

生活习性：栖息于海拔3000米以下的树林和灌丛。除繁殖期间成对活动外，其他季节多聚小群，有时也和其他山雀混群。主要以昆虫为食，也吃植物果实和种子。

分布状况：分布于黑龙江、吉林、辽宁、内蒙古、北京、天津、河北、山东、山西、安徽、陕西、宁夏、甘肃、西藏、云南、江西、浙江、福建、新疆、贵州、四川、湖北、台湾。在闪电河湿地见于全年。

王秀荣/摄

陈明/摄

张岩/摄

山雀科

沼泽山雀

学　名：*Poecile palustris*

英文名：Marsh Tit

形态特征：体长11～13厘米。前额、头顶、后颈黑色具金属光泽。颏、喉黑色，眼以下脸颊至颈侧白色。胸、腹至尾下覆羽苍白色，两胁沾灰棕色。背和肩沙灰褐色，腰和尾上覆羽较背淡而微沾黄色。尾羽灰褐色。

生活习性：栖息于山地针叶林、针阔混交林、阔叶林、灌丛、果园、农田。繁殖期间成对或单独活动外，其他季节多成几只至十余只的松散群。主要以昆虫为食，也吃植物。

分布状况：分布于黑龙江、吉林、辽宁、内蒙古、北京、天津、河北、山东、河南、山西、安徽、江苏、上海、陕西、甘肃、湖北、新疆、西藏、云南、四川、贵州。在闪电河湿地见于全年。

张岩/摄

长尾山雀科

银喉长尾山雀

学　名：*Aegithalos glaucogularis*

英文名：Silver-throated Tit

形态特征：体长11～13厘米。头顶羽毛较丰满，体羽蓬松呈绒毛状，头顶、背部、两翼和尾羽呈黑色或灰色。下体纯白色或淡灰棕色，向后沾葡萄红色，部分喉部具暗灰色块斑。尾羽长度多超过头体长。虹膜褐色。嘴黑色。脚棕黑色。

生活习性：栖息于山地针叶林或针阔混交林、落叶松林、柳树林、松树林、茶树林、竹林、平原。秋季成小家族游荡，冬季可汇成多达100只的较大群体。主要以昆虫为食，也吃植物果实和种子。

分布状况：分布于北京、河北、山西、内蒙古、辽宁、吉林、黑龙江、上海、江苏、浙江、安徽、河南、湖南、四川、云南、陕西、甘肃、青海、宁夏、新疆、天津、山东、湖北。在闪电河湿地见于1～3月和11～12月。

崔建军/摄

赵永春/摄

杨德森/摄

太平鸟科

太平鸟

学　名：*Bombycilla garrulus*

英文名：Bohemian Waxwing

形态特征：体长18～20厘米。额、头前部和头侧栗红色，头顶具簇状褐色羽冠。颏及喉黑色，贯眼纹黑色，从嘴基延伸到后枕。颈、背、胸褐色，腹污白色。腰和尾上覆羽灰色，尾下覆红色。翼具白色翼斑。初级飞羽黑褐色且具黄色端斑，次级飞羽棕褐色且具红色滴状斑。尾黑色，端斑黄色。

生活习性：栖息于针叶林、针阔混交林和杨桦林中，有时出现在果园、城市公园、村庄。除繁殖期成对活动外，其他时候多成群活动。在繁殖期主要以昆虫为食，秋后则以浆果为主食。

分布状况：分布于黑龙江、吉林、辽宁、北京、天津、河北、山东、河南、山西、陕西、内蒙古、甘肃、新疆、青海、四川、湖北（东部）、安徽、江西、江苏、上海、浙江、福建、台湾。在闪电河湿地见于1～3月和10～12月。

赵永春/摄

太平鸟科 小太平鸟

学　名：*Bombycilla japonica*

英文名：Japanese Waxwing

形态特征：体长16～19厘米。额、头前部和头侧栗红色，头顶具簇状褐色羽冠。颏及喉黑色，贯眼纹黑色。颈、背、胸褐色，腹淡黄色。初级飞羽黑褐色且外缘白色，次级飞羽灰褐色且具红色状斑。尾黑色，端斑红色，尾下覆羽红色。

生活习性：栖息于低山、丘陵和平原地区的针叶林、阔叶林中。常数十只或数百只聚集成群。主要以植物果实及种子为主食，也吃昆虫。

分布状况：分布于黑龙江、吉林、辽宁、北京、天津、河北、山东、河南、山西、陕西、内蒙古（东部）、青海、云南（西部）、四川、重庆、贵州、湖北、湖南、安徽、江西、江苏、上海、浙江、福建、广东、香港、台湾。在闪电河湿地见于1～3月和10～12月。

张岩/摄

崔建军/摄

贾亦飞/摄

苇莺科

东方大苇莺

学　名：*Acrocephalus orientalis*

英文名：Oriental Reed Warbler

形态特征：体长18～19厘米。额至枕部暗橄榄褐色。背橄榄褐色。腰及尾上覆羽橄榄棕褐色。眉纹皮黄色，眼先深褐色，耳羽淡棕色。颏、喉部棕白色，下喉及前胸羽毛具细的棕褐色羽干纹，向后变为皮黄色。两胁皮黄色沾棕色。翼暗褐色具淡棕色羽缘。

生活习性：栖息于湖畔、河边、水塘、芦苇沼泽等水域，或水域附近的植物丛中。常单独或成对活动，性活泼。主要以昆虫为食，也吃植物果实和种子。

分布状况：除西藏外，见于各省。在闪电河湿地见于5～10月。

文须雀科

文须雀

学　名：*Panurus biarmicus*

英文名：Bearded Reedling

形态特征：体长15~18厘米。雄鸟：额、头顶、枕部深灰色，背部棕黄色，眼先黑色并下延至颈侧；喉与胸灰白色，腹和两胁浅褐色；翼黑色且具白色翼斑，尾羽棕黄色，尾下覆羽黑色，外侧尾羽白色。雌鸟：体色淡，头部黄褐色，脸部无黑色斑，尾下覆羽褐色，其余和雄鸟相似。

生活习性：栖息于湖泊及河流沿岸的芦苇沼泽中。常成对或成小群活动。以昆虫为食，也食蜘蛛、芦苇种子和草籽。

分布状况：分布于黑龙江、辽宁、北京、河北、山东、内蒙古、宁夏、甘肃、新疆、青海、上海。在闪电河湿地见于9~11月。

王秀荣/摄

鹟科

蓝矶鸫

学　名：*Monticola solitarius*

英文名：Blue Rock Thrush

形态特征：体长20～25厘米。雄鸟：上体几乎纯蓝色，两翅和尾近黑色；下体前蓝色后栗红色。雌鸟：上体蓝灰色，翅和尾亦呈黑色；下体棕白色，喉中央淡黄白色，各羽缀以黑色波状斑。

生活习性：栖息于多岩石的低山峡谷以及山溪、湖泊等水域附近的岩石山地，也栖息于海滨岩石和附近的山林中。单独或成对活动，多在地上觅食，常从栖息的高处直落地面捕猎，或突然飞出捕食空中活动的昆虫，然后飞回原栖息处。主要以昆虫为食，也吃植物果实和种子。

分布状况：分布于河北（北部）、山西、陕西、内蒙古、宁夏、新疆、浙江、台湾、西藏、黑龙江、吉林、辽宁、北京、山东、河南、云南、贵州、甘肃、重庆、四川、安徽、江苏、江西、湖北、湖南、上海、福建、广东、广西、海南、香港、澳门。在闪电河湿地为迷鸟，偶见。

王秀荣/摄

鹟科

北灰鹟

学　名：*Muscicapa dauurica*

英文名：Asian Brown Flycatcher

形态特征：体长10～14厘米。头、背灰褐色，头顶各羽中央稍灰黑色。翅上覆羽较背部稍暗。眼先微白，眼周有一圈白羽。颏、喉、腹及尾下覆羽白色。胸部及两胁浅灰褐色。翅下覆羽及腋羽淡黄褐色，几近白色。尾暗褐色。

生活习性：栖息于山地溪流沿岸的落叶林、针叶林、针阔混交林及附近的灌丛中。常单独或成对活动。主要以昆虫为食，也吃植物果实和种子。

分布状况：分布于黑龙江、吉林、辽宁、北京、天津、河北、山东、河南、山西、陕西、内蒙古、宁夏、甘肃、新疆、西藏（东南部）、云南、四川、贵州、湖北、湖南、江西、江苏、上海、浙江、福建、广东、广西、云南、海南、香港、澳门、台湾。在闪电河湿地见于4～10月。

鹟科

红喉歌鸲

学　名：*Calliope calliope*

英文名：Siberian Rubythroat

形态特征：体长14～17厘米。雄鸟：头部、上体主要为橄榄褐色；眉纹、颊纹白色；颏部、喉部红色，周围有黑色狭纹；胸部灰色，腹部白色，尾褐色。雌鸟：颏部、喉部白色或略染红色，胸黄褐色。

生活习性：栖息于低山丘陵和山脚平原地带的次生阔叶林和混交林中，也栖于平原地带繁茂的草丛或芦苇丛间。常单独或成对活动。主要以昆虫为食，也吃植物果实和种子。

分布状况：除西藏外，见于各省。在闪电河湿地见于4～6月。

保护级别：国家二级重点保护野生动物。

鹟科

蓝喉歌鸲

学　名：*Luscinia svecica*

英文名：Bluethroat

形态特征：体长14～16厘米。雄鸟：头部、上体主要为土褐色；眉纹白色；颏部、喉部辉蓝色，喉中部有一栗红色斑，胸部有黑色和淡栗色2道宽带，腹部白色，尾羽黑褐色，基部栗红色。雌鸟：似雄鸟，颏部、喉部为棕白色，前胸黑褐色，后胸、腹污白色。

生活习性：栖息于灌丛或芦苇丛中，常见于苔原带、森林、沼泽及荒漠边缘的各类灌丛。常单独或成对活动，迁徙时亦成小群。主要以昆虫为食，也吃植物果实和种子。

分布状况：见于各省。在闪电河湿地见于4～6月。

保护级别：国家二级重点保护野生动物。

崔建军/摄

鹟科

北红尾鸲

学　名：*Phoenicurus auroreus*

英文名：Daurian Redstart

崔建军/摄

形态特征：体长13～15厘米。雄鸟：头顶至后颈石板灰色，额、头侧、喉、肩、背和两翅黑色，腰、腹橙红色。雌鸟：上体橄榄褐色，下体暗黄褐色。雌雄鸟翅都具有三角形白色翼斑，尾黑，外侧尾羽橙红色。

生活习性：栖息于山地、森林、河谷、林缘和居民点附近的灌丛与低矮树丛中。常单独或成对活动。主要以昆虫为食，也吃植物果实和种子。

分布状况：除新疆外，见于各省。在闪电河湿地见于全年。

陈明/摄

鹟科

红尾水鸲

学　名：*Rhyacornis fuliginosa*

英文名：Plumbeous Water Redstart

形态特征：体长13～14厘米。雄鸟：通体大都暗灰蓝色；翅黑褐色；尾羽和尾的上、下覆羽均栗红色。雌鸟：上体灰褐色；翅褐色，具2道白色点状斑；尾羽白色、端部及羽缘褐色；尾的上、下覆羽纯白；下体灰色，杂以不规则的白色细斑。

生活习性：栖息于山地溪流、河谷沿岸、林间或林缘地带。常单独或成对活动。主要以昆虫为食，也吃植物果实和种子。

分布状况：除黑龙江、吉林、辽宁、新疆外，见于各省。在闪电河湿地见于全年。

陈明/摄

赵永春 / 摄

陈明 / 摄

鹟科

黑喉石䳭

学　名：*Saxicola maurus*

英文名：Siberian Stone Chat

崔建军 / 摄

形态特征：体长12～14厘米。雄鸟：整个头部为黑色，背和肩黑微缀棕栗羽缘，至腰逐渐变灰，尾上覆羽白色；颈侧和翼上具粗大的白斑；腰白色，胸部栗棕色，腹部淡栗棕色。雌鸟：头、颈、背及肩黑褐色，头及颈具淡棕褐色羽缘，喉和眉纹白色，翼上白斑小。

生活习性：栖息于低山、丘陵、平原、草地、沼泽、田间、灌丛、旷野，以及湖泊与河流沿岸附近的灌丛、草地。常单独或成对活动。主要以昆虫为食，也吃植物果实和种子。

分布状况：见于各省。在闪电河湿地见于3～11月。

崔建军 / 摄

鹟科

白顶䳭

学　名：*Oenanthe pleschanka*

英文名：Pied Wheatear

形态特征：体长14～17厘米。雄鸟：头顶至后颈白色，头侧、背、两翅、颏和喉黑色，胸、腹白色略染米黄色，其余体羽白色，中央一对尾羽黑色，基部白色，外侧尾羽白色具黑色端斑。雌鸟：上体土褐色，腰和尾上覆羽白色，尾白色具黑色端斑，颏、喉褐色或黑色，其余下体皮黄色。

生活习性：栖息于干旱荒漠、半荒漠、荒山、沟谷、林缘灌丛和岩石荒坡，以及平原草地、田间地头、果园，甚至城市公园和居民点附近。常单独或成对活动。主要以昆虫为食，也吃植物果实和种子。

分布状况：分布于辽宁（西部）、北京、天津、河北、河南、山西、陕西、内蒙古、宁夏、甘肃、新疆、青海、四川（南部）。在闪电河湿地见于4～10月。

崔建军/摄

陈明/摄

鹟科

穗䳭

学　名：*Oenanthe oenanthe*

英文名：Northern Wheatear

形态特征：体长14～16厘米。雄鸟：头顶至腰灰色，眼先和头侧黑色，眉纹白色，喉和胸黄白色，腹部黄白色，两翅黑色，尾上覆羽为白色，中央尾羽黑色，外侧尾羽基部白色。雌鸟：上体灰褐色，耳羽、头侧、眼先黑褐色或深棕色，眉纹皮黄色，两翅黑褐色，尾上覆羽白色，中央尾羽黑褐色，下体白色沾棕色。

生活习性：栖息于干旱草原、荒漠和半荒漠地区、亚高山草甸草原和森林草原。常单独或成对活动，即使迁徙期间亦很少见成群。主要以昆虫为食，也吃植物果实和种子。

分布状况：分布于河北、山西、陕西、宁夏、内蒙古、新疆、浙江、台湾。在闪电河湿地见于4～10月。

陈明/摄

鹟科

红喉姬鹟

学　名：*Ficedula albicilla*

英文名：Taiga Flycatcher

形态特征：体长11～13厘米。雄鸟：前额、头顶、头侧、背、肩一直到腰概为灰褐色或灰黄褐色，眼先和眼周白色或污白色，耳羽灰黄褐色杂有细的棕白色纵纹；尾黑色，外侧尾羽基部白色；颏、喉夏季橙红色，冬季白色；胸淡灰色，腹和尾下覆羽白色或灰白色。雌鸟：颏、喉白色，胸沾棕色。

生活习性：栖息于低山丘陵和山脚平原地带的阔叶林、针阔林混交林和针叶林中。常常单独或成对活动，偶尔也成小群。主要以昆虫为食。

分布状况：见于各省。在闪电河湿地见于4～10月。

鹟科

红胁蓝尾鸲

学　名：*Tarsiger cyanurus*

英文名：Orange-flanked Bluetail

形态特征：体长13～15厘米。嘴黑色。雄鸟：头、背、尾灰蓝色，眉纹前端白而后端不明显，眼先黑色，喉白色沾棕色，翼黑褐色，两胁橙棕色。雌鸟：头、背橄榄褐色，尾及尾上覆羽缀有蓝色，颏、喉、腹白色，胸和两胁橙红色稍淡，胸缀褐色。

生活习性：栖息于针叶林、针阔混交林、灌丛。多单独或成对活动于林下地面上。以昆虫为食，也食杂草种子。

分布状况：除西藏外，见于各省。在闪电河湿地见于4～6月。

杨德森/摄

杨德森/摄

崔建军/摄

张岩/摄

崔建军/摄

绣眼鸟科

暗绿绣眼鸟

学　名：*Zosterops japonicus*

英文名：Japanese White-eye

形态特征：体长9～11厘米。头、背黄绿色，眼圈白色，胸及两胁灰白色，腹白色，颏、喉及尾下覆羽淡黄色，翼、尾灰绿色。

生活习性：栖息于阔叶林、针阔混交林、竹林、次生林果园、林缘、村寨。常单独、成对或成小群活动，迁徙季节和冬季喜欢成群，有时集群多达50～60只。夏季主要以昆虫为食，冬季则主要以植物性食物为食。

分布状况：分布于辽宁、北京、天津、河北、山东、河南、山西、陕西、内蒙古、甘肃、云南、四川、重庆、贵州、湖北、湖南、安徽、江西、江苏、上海、浙江、福建、广东、广西、海南、香港、澳门、台湾。在闪电河湿地见于9～10月。

鸦科

喜鹊

学　名：*Pica pica*

英文名：Common Magpie

赵永春/摄

形态特征： 体长40～50厘米。头、颈、背至尾均为黑色，并自前往后分别呈紫色、绿蓝色、绿色等光泽，腹白色，翅黑色具有大型白斑。

生活习性： 栖息于山麓、林缘、农田、村庄、公园等。除繁殖期间成对活动外，常成3～5只的小群活动。繁殖期间主要以昆虫为食，其他季节主要以植物种子和果实为食。

分布状况： 见于各省。在闪电河湿地见于全年。

崔建军/摄

赵永春/摄

陈明/摄

赵永春/摄

陈明/摄

鸦科

红嘴山鸦

学　名：*Pyrrhocorax pyrrhocorax*

英文名：Red-billed Chough

形态特征：体长36～48厘米。全身覆盖漆黑的羽毛，具蓝黑色金属光泽，翼和尾光泽偏绿色，嘴和脚红色。

生活习性：栖息于丘陵、山地、河谷岩石、高山草地、稀树草坡、草甸灌丛、高山裸岩、海边悬岩、农田、村庄。常成对或成小群在地上活动和觅食。主要以昆虫为食，也吃植物的果实、种子等。

分布状况：分布于辽宁、北京、河北、山东、河南、山西、陕西、内蒙古、宁夏、甘肃、新疆、湖北、甘肃、西藏、青海、云南、四川。在闪电河湿地见于4～10月。

鸦科

星鸦

学 名：*Nucifraga caryocatactes*

英文名：Spotted Nutcracker

王秀荣/摄

王秀荣/摄

形态特征：体长29～36厘米。头、翼及尾黑褐色，其余体羽暗棕褐色，除头顶和后颈外，满具白色斑。尾下覆羽白色，最外侧尾羽具宽的白色端斑。

生活习性：栖息于针叶林、阔叶林、针阔混交林。单独或成对活动，偶成小群。主要以树木种子为食，也吃浆果及昆虫。

分布状况：分布于黑龙江、吉林、辽宁、北京、河北、内蒙古、山东、河南、山西、新疆、陕西、宁夏、甘肃、西藏、云南、四川、湖北、台湾。在闪电河湿地见于4～11月。

王秀荣/摄

张岩 / 摄

张岩 / 摄

张岩 / 摄

鸦科

大嘴乌鸦

学　名：*Corvus macrorhynchos*

英文名：Large-billed Crow

形态特征：体长48～55厘米。全身羽毛黑色，具紫绿色金属光泽。嘴粗大，黑色，峰嵴明显，嘴基部不裸露，额隆起明显。

生活习性：栖息于低山、平原和山地阔叶林、针阔混交林、针叶林等各种森林类型中。多成3～5只或10多只的小群活动。杂食性鸟类，主要以腐肉、昆虫为食，也吃植物。

分布状况：分布于黑龙江、吉林、辽宁、北京、天津、河北、山东、河南、山西、陕西、内蒙古、宁夏、甘肃、云南（东部）、四川、重庆、贵州、湖北、湖南、安徽、江西、江苏、上海、浙江、福建、广东、广西、海南、西藏、青海、新疆、香港、澳门、台湾。在闪电河湿地见于3～11月。

鸦科

秃鼻乌鸦

学　名：*Corvus frugilegus*

英文名：Rook

形态特征：体长41~50厘米。通体辉黑色，具紫色金属光泽，两翼及尾具铜绿色光泽。嘴长直而尖、黑色，基部裸露并覆以灰白色皮膜。

生活习性：栖息于低山、丘陵和平原地区，特别是农田、河流和村庄附近。常成群活动。主要以腐肉、昆虫为食，也吃植物。

分布状况：分布于黑龙江、吉林、辽宁、北京、天津、河北、山东、河南、山西、陕西、内蒙古（中部和东部）、宁夏、甘肃、新疆（中部和北部）、青海、四川、重庆、湖北、湖南、安徽、江西、江苏、上海、浙江、福建、广东、广西、海南、台湾。在闪电河湿地见于3~11月。

杨德森/摄

崔建军/摄

鸦科

小嘴乌鸦

学　名：*Corvus corone*

英文名：Carrion Crow

形态特征：体长45~53厘米。全身羽毛黑色，具紫蓝色金属光泽，飞羽和尾羽具蓝绿色金属光泽。喉部羽毛呈披针状。嘴粗大，嘴基生有长羽，伸达鼻孔。

生活习性：栖息于低山、丘陵和平原地带的疏林及林缘地带，有时也出现在有零星树木生长的半荒漠地区。通常3~5只活动。主要以昆虫、腐肉为食，也吃植物。

分布状况：分布于黑龙江、吉林、辽宁、北京、天津、河北、山东、河南、山西、陕西、内蒙古、宁夏、甘肃、新疆、青海、云南、四川、湖北、湖南、江西、上海、浙江、福建、广东、海南、香港、台湾。在闪电河湿地见于全年。

鸦科

达乌里寒鸦

学　名：*Corvus dauuricus*

英文名：Daurian Jackdaw

形态特征：体长30～35厘米。体羽黑色，后颈具白色颈圈。额、头顶、头侧、颏、喉黑色，具蓝紫色金属光泽。后头、耳羽杂有白色细纹，胸、腹灰白色或白色。肛羽具白色羽缘。

生活习性：栖息于山地、丘陵、平原、农田、旷野、村庄和公园。在冬季喜欢集群活动，多则可达数万只。主要以昆虫为食，也吃植物。

分布状况：除海南外，见于各省。在闪电河湿地见于3～11月。

赵永春/摄

崔建军/摄

陈明/摄

张岩/摄

鸦科

白颈鸦

学　名：*Corvus pectoralis*

英文名：Collared Crow

形态特征：体长44～54厘米。除颈背和胸有一白圈外，其余体羽全黑。喉羽披针状。头和喉闪淡紫蓝光泽。初级飞羽外翈闪淡绿光泽。

生活习性：栖息于平原、丘陵和低山农田、河滩和河湾等处。多单独行动或成3～5只或10余只的小群。主要以昆虫、腐肉为食，也吃植物。

分布状况：分布于北京、天津、河北、山东、河南、山西、陕西、内蒙古（中部）、甘肃、云南（东北部）、四川、重庆、贵州、湖北、湖南、安徽、江西、江苏、上海、浙江、福建、广东、广西、海南、香港、澳门、台湾。在闪电河湿地见于4～10月。

鸦科

红嘴蓝鹊

学　名：*Urocissa erythrorhyncha*

英文名：Red-billed Blue Magpie

陈明/摄

形态特征：体长54~65厘米。嘴、脚红色，头、颈、喉和胸黑色，头顶至后颈有一块白色至淡蓝白色或紫灰色块斑，其余上体紫蓝灰色或淡蓝灰褐色。尾长呈凸状，具黑色亚端斑和白色端斑。下体白色。

保护级别：栖息于阔叶林、针叶林、针阔混交林、农田。常成对或成小群活动。性凶悍，飞行呈波浪式。主要以昆虫为食，也吃植物的果实、种子等。

分布状况：分布于辽宁、北京、河北、山东、山西、内蒙古、甘肃、河南、陕西、宁夏、云南、四川、重庆、贵州、湖北、湖南、安徽、江西、江苏、上海、浙江、福建、广东、广西、海南、香港、澳门。在闪电河湿地见于全年。

崔建军/摄

陈明/摄

崔建军/摄

陈明/摄

鸦科

松鸦

学　名：*Garrulus glandarius*

英文名：Eurasian Jay

形态特征：体长28～35厘米。额、头、背、肩、腰棕灰色，头顶至后颈具黑色纵纹。眼周、髭纹黑色，颏、喉污白色。胸、腹及两胁淡棕色。大覆羽、初级覆羽和次级飞羽外翈基部具黑、白、蓝三色相间的横斑，次级飞羽外翈基部白色，形成白色翼斑。尾黑色微具蓝色光泽，尾上覆羽白色。

生活习性：栖息于针叶林、阔叶林、针阔混交林。多成小群活动，有储藏食物的习性。以昆虫、浆果、谷物为食，也吃蜘蛛、雏鸟、鸟卵等。

分布状况：分布于北京、河北、山东、山西、陕西、宁夏、甘肃、内蒙古、河南、云南、四川、重庆、贵州、湖北、湖南、安徽、江西、江苏、浙江、福建、广东、广西、新疆、西藏、吉林、辽宁、黑龙江、青海、台湾。在闪电河湿地见于全年。

燕科

家燕

学　名：*Hirundo rustica*

英文名：Barn Swallow

赵永春/摄

李成国/摄

形态特征：体长17～20厘米。上体从头顶一直到尾上覆羽均为蓝黑色而富有金属光泽。颏、喉和上胸栗色或棕栗色，上胸有一黑色环带，下胸、腹和尾下覆羽白色或棕白色。尾长，呈深叉状。

生活习性：栖息于村庄、城镇。常成对或成群栖息于村屯中的房顶、电线上以及附近的河滩和田野里。主要以昆虫为食。

分布状况：见于各省。在闪电河湿地见于4～10月。

陈明/摄

燕科

金腰燕

学　名：*Cecropis daurica*

英文名：Red-rumped Swallow

形态特征：体长16～18厘米。上体蓝黑色，具有金属光泽，后颈有栗黄色或棕栗色形成的领环，腰部栗色，下体棕白色，多具有黑色的细纵纹，尾甚长，为深凹形。最显著的标志是有一条栗黄色的腰带，栗黄色的腰与蓝黑色的上体成对比。

生活习性：栖息于村庄、城镇，以及成片且稠密的阔叶林、混交林及临水的建筑上。常成群活动，迁徙期间有时集成数百只的大群。主要以昆虫为食。

分布状况：分布于黑龙江、吉林、辽宁、河北、北京、山东、河南、山西、陕西、内蒙古（东部）、云南、贵州、四川、湖北、湖南、江西、江苏（东部）、浙江、福建、广东、广西、新疆、西藏、天津、宁夏、甘肃、青海、重庆、安徽、上海、香港、澳门、台湾。在闪电河湿地见于4～10月。

燕雀科

燕雀

学　名：*Fringilla montifringilla*
英文名：Brambling

形态特征：体长14～17厘米。雄鸟：从头至背黑色具有金属光泽，背具黄褐色羽缘；腰白色，颏、喉、胸橙黄色，腹至尾下覆羽白色，两胁淡棕色且而具黑色斑点，两翼及尾黑色，翼上具白斑。雌鸟：和雄鸟大致相似，但体色较浅淡，上体褐色且具有黑色斑点，头顶和枕具窄的黑色羽缘，头侧和颈侧灰色，腰白色。

生活习性：栖息于阔叶林、针阔混交林、针叶林、林缘疏林、农田、旷野、果园和村庄。除繁殖期间成对活动外，其他季节多成群。主要以草籽、果实、种子等植物性食物为食。

分布状况：除宁夏、西藏、青海、海南外，见于各省。在闪电河湿地见于1～3月和10～12月。

张岩/摄

张岩/摄

学　名：*Spinus spinus*
英文名：Eurasian Siskin

形态特征：体长11~12厘米。雄鸟：上体黄绿色，头顶与颏黑色，眉纹黄色，腰、胸黄色，腹白色，两翅和尾黑色，翼斑和尾基两侧鲜黄色。雌鸟：头顶与颏无黑色，具浓重的灰绿色斑纹；上体褐色沾绿色，具暗色纵纹；下体暗淡黄，有浅黑色斑纹。

生活习性：栖息于山林、丘陵和平原地带。除繁殖期成对生活外，常集结成几十只的群。主要以植物果实、种子等植物性食物为食，也吃部分昆虫。

分布状况：除宁夏、西藏外，见于各省。在闪电河湿地见于4~5月和10~11月。

张岩/摄

崔建军/摄

陈明/摄

燕雀科

金翅雀

学　名：*Chloris sinica*

英文名：Grey-capped Greenfinch

形态特征：体长12～14厘米。雄鸟：背栗褐色，具暗色羽干纹；头顶灰绿色，腰金黄色，胸、腹暗黄色，翼上下具金黄色块斑，尾下覆羽及尾基金黄色。雌鸟：羽色较暗淡；头顶至后颈灰褐色，具暗色纵纹；背部少金黄色而多褐色，腰淡褐色而沾黄绿色，腹部微沾黄色。

生活习性：栖息于海拔1500米以下的低山、丘陵、山脚和平原等开阔地带的疏林中。常单独或成对活动，秋冬季节也成群，有时集群多达数十只甚至上百只。主要以农作物果实、种子等为食。

分布状况：分布于黑龙江、吉林、辽宁、北京、天津、河北、山东、河南、山西、陕西、内蒙古、宁夏、甘肃、青海、云南、四川、重庆、贵州、湖北、湖南、安徽、江西、江苏、上海、浙江、福建、广东、广西、香港、澳门、台湾。在闪电河湿地见于1～3月和10～12月。

杨德森/摄

杨德森/摄

燕雀科

白腰朱顶雀

学　名：*Acanthis flammea*

英文名：Common Redpoll

形态特征：体长11～14厘米。雄鸟：头顶朱红色，额、眼先和颏黑色眉纹黄白色；上体褐色，具黑色羽干纹；下背和腰灰白色；沾粉红色，翼上具2条白色横带；喉、胸均粉红色，下体余部白色。雌鸟：喉、胸无粉红色。

生活习性：栖息于林间、林缘、灌丛、沼泽、河流、湖泊岸边、草地和田间。除繁殖期多成对活动外，常成5～7只或10多只的小群活动。主要以植物性食物为食，也吃昆虫。

分布状况：分布于北京、天津、河北、山西、山东、内蒙古、辽宁、吉林、黑龙江、甘肃、新疆、江苏、上海、宁夏、青海、台湾。在闪电河湿地见于1～3月和10～11月。

杨德森/摄

崔建军/摄

燕雀科

锡嘴雀

学　名：*Coccothraustes coccothraustes*

英文名：Hawfinch

杨德森/摄

杨德森/摄

形态特征：体长17～20厘米。头部黄褐色，眼先、嘴基黑色，喉具黑色斑块，颈具灰色翎环。胸、腹黄褐色，背棕褐色。两翼及尾均黑色，尾上覆羽棕黄色，尾具白色端斑，翼上具白色翼斑。雌雄相似，雌鸟羽色较浅淡。

生活习性：栖息于阔叶林、针阔混交林、针叶林、林缘疏林、农田、旷野、果园和村庄。主要以植物果实、种子等植物性食物为食，也吃部分昆虫。

分布状况：除西藏、云南、海南外，见于各省。在闪电河湿地见于1～3月和10～12月。

莺鹛科

棕头鸦雀

学　名：*Sinosuthora webbiana*

英文名：Vinous-throated Parrotbill

形态特征：体长11～13厘米。头至上背棕红色，下背至尾棕褐色。须、喉及上胸葡萄粉红色，微具暗棕色纵纹，下胸和腹浅棕色，初级飞羽外缘红棕色。

生活习性：栖息于阔叶林、灌木林、荒山地。多集大群在低山灌丛间活动，边飞边叫，叫声低而快。以昆虫为食，也吃植物的果实及种子。

分布状况：分布于黑龙江（东部）、吉林、辽宁、内蒙古（东部）、北京、天津、河北、山东、河南、江苏、上海、浙江、山西、陕西、甘肃、云南、贵州、重庆、四川、湖北、湖南、安徽、江西、福建、广东、广西、香港、台湾。在闪电河湿地见于4～10月。

噪鹛科

山噪鹛

学　名：*Garrulax davidi*

英文名：Plain Laughingthrush

形态特征：体长22～27厘米。头、背、腰、尾灰褐色，头顶具深褐色羽缘或深褐色轴纹，眉纹和耳羽淡褐色，颏黑色，胸、腹灰色。嘴黄色稍弯曲，嘴峰微褐色。

生活习性：栖息于山地灌丛和矮树林中，也栖于山脚、平原和溪流沿岸柳树丛。常成对或成3～5只的小群活动和觅食。主要以昆虫为食，也吃植物果实和种子。

分布状况：分布于辽宁、河北、北京、天津、山东、内蒙古、青海、四川、河南、山西、陕西、宁夏、甘肃。在闪电河湿地见于1～3月和10～12月。

崔建军/摄

王秀英/摄

铁爪鹀科

铁爪鹀

学　名：*Calcarius lapponicus*

英文名：Lapland Longspur

形态特征：体长14～17厘米。后趾及爪长。雄鸟：头、颏、喉及上胸黑色，耳覆羽及眉纹皮黄色；眼后具白纹，延伸至耳后又弯向颈侧；后颈具一栗色领环，背栗褐色具宽的黑色纵纹，腹白色；冬羽黑色部分及后颈栗红色领环均具皮黄色羽缘。雌鸟：背部皮黄色或黄褐色，具黑色纵纹；眉纹皮黄色；腹部皮黄白色或棕白色；胸及两胁具细的黑色纵纹。

生活习性：栖息于草地、沼泽地、平原田野、丘陵的稀疏山林。结群生活，一般由20～30只组成，有时多达百余只甚至几百只。主要以杂草种子为食。

分布状况：分布于黑龙江、吉林、辽宁、北京、天津、河北、山东、山西、陕西（北部）、内蒙古、甘肃（西北部）、新疆、四川、湖北、湖南、江西、江苏、上海、浙江、台湾。在闪电河湿地见于全年。

张岩/摄

鹀科

灰头鹀

学　名：*Emberiza spodocephala*

英文名：Black-faced Bunting

张岩/摄

形态特征：体长13～16厘米。雄鸟：嘴基、眼先、颊黑色，头、颈、喉和上胸灰色而沾绿黄色；上体橄榄褐色，具黑褐色羽干纹；两翅和尾黑褐色，外侧两对尾羽白色；下胸淡黄色，腹至尾下覆羽黄白色，两胁具黑褐色纵纹。雌鸟：头和上体灰红褐色具黑色纵纹，腰和尾上覆羽无纵纹；下体白色或黄色，胸和两胁具黑色纵纹；髭纹、眉纹皮黄白色，其余同雄鸟相似。

生活习性：栖息于山区河谷溪流两岸，平原沼泽地的疏林和灌丛中，也在山边杂林、草甸灌丛、山间耕地以及公园、苗圃和篱笆上。繁殖期间常成小群活动，除繁殖期成对外，也有单独活动者。平时主要以植物种子、果实为食，繁殖期间主要以昆虫为食。

分布状况：除西藏外，见于各省。在闪电河湿地见于全年。

张岩/摄

陈明/摄

鹀科

黄喉鹀

学　名：*Emberiza elegans*

英文名：Yellow-throated Bunting

形态特征：体长约16厘米。雄鸟：短而竖直的黑色羽冠；眉纹前段黄白色，后段鲜黄色；自额至枕侧长而宽阔，颏黑色，喉黄色，下喉白色；背栗红色或暗栗色，具黑色羽干纹；胸有一半月形黑斑；两翅和尾黑褐色，有2道白色翅斑，其余下体白色或灰白色。雌鸟：和雄鸟大致相似，但羽色较淡，头部褐色，前胸黑色半月形黑斑不明显或消失。

生活习性：栖息于低山丘陵地带的次生林、阔叶林、针阔混交林的林缘灌丛中。繁殖期间单独或成对活动，非繁殖期间多成5～10只的小群。主要以植物种子为食，繁殖期间主要以昆虫为食。

分布状况：分布于北京、天津、河北、山西、辽宁、吉林、黑龙江、江苏、浙江、江西、山东、河南、湖南、广东、广西、四川、贵州、云南、陕西、甘肃、新疆、重庆、湖北、安徽、福建、宁夏、香港、台湾。在闪电河湿地见于全年。

崔建军/摄

鹀科

灰眉岩鹀

学　名：*Emberiza godlewskii*

英文名：Godlewski's Bunting

形态特征：体长15～17厘米。雄鸟：额、头顶、枕，一直到后颈均为蓝灰色，贯眼纹及头顶两侧的侧贯纹暗栗色，上背沙褐色或棕沙褐色，下背、腰和尾上覆羽纯栗红色，下胸及腹部红棕色或红栗色。雌鸟：与雄鸟相似，但头顶至后颈为淡灰褐色且具较多黑色纵纹，胸以下为淡肉桂红色，腹部颜色较淡。

生活习性：栖息于裸露的低山丘陵、高山和高原等开阔地带的岩石荒坡、草地和灌丛中，常成对或单独活动。主要以植物性食物为食，也吃昆虫。

分布状况：分布于黑龙江、重庆、湖南、湖北、广西、北京、河北、山西、内蒙古、辽宁、山东、河南、四川、贵州、云南、西藏、陕西、甘肃、青海、宁夏、新疆、香港。在闪电河湿地见于全年。

陈明/摄

崔建军/摄

鹀科

三道眉草鹀

学　名：*Emberiza cioides*

英文名：Meadow Bunting

形态特征：体长 14 ~ 17 厘米。雄鸟：头顶、后颈及耳覆羽栗色；颏、喉、眉纹和颊灰白色或白色，贯眼纹、髭纹黑色，背及肩栗红色具黑色纵纹；上胸栗色，下胸及两胁棕红色；腹部皮黄白色，腰及尾上覆羽棕红色，两翼及尾黑褐色，外侧两对尾羽白色。雌鸟：头顶、后颈及背多呈棕褐色或暗棕色，具黑色纵纹；喉、胸、腹棕红色。

生活习性：栖息于高山丘陵的开阔灌丛及林缘地带，冬季下至较低的平原地区。冬季常见成群活动，繁殖时则分散成对活动。冬、春季主要以野生草种为食，夏季主要以昆虫为食。

分布状况：分布于北京、河北、山西、内蒙古、辽宁、吉林、黑龙江、江苏、浙江、上海、安徽、福建、江西、山东、河南、湖北、湖南、广东、广西、四川、贵州、云南、陕西、甘肃、青海、宁夏、新疆、香港、台湾。在闪电河湿地见于全年。

崔建军 / 摄

陈明 / 摄

赵永春 / 摄

赵永春/摄

赵永春/摄

鹀科

小鹀

学　名：*Emberiza pusilla*

英文名：Little Bunting

杨德森/摄

形态特征：体长12～14厘米。头顶中央栗色，两侧具黑色侧冠纹，眼圈色淡，颊和耳羽栗色，在头侧形成栗色斑，其余上体褐色，具黑色纵纹。两翅和尾黑褐色。下体白色，胸和两胁具黑褐色纵纹。

生活习性：栖息于低山、丘陵和山脚平原地带的灌丛、草地、小树丛、农田、地边和旷野中的灌丛与树上。性怯疑，多结群生活。主要以草籽、种子、果实等植物性食物为食，也吃昆虫。

分布状况：见于各省。在闪电河湿地见于全年。

杨德森/摄

张岩/摄

鹀科

田鹀

学　名：*Emberiza rustica*
英文名：Rustic Bunting

形态特征：体长15~17厘米。雄鸟：头部及羽冠黑色，具白色的眉纹，耳羽上有一白色小斑点；体背栗红色具黑色纵纹，翼及尾灰褐色；颊、喉至下体白色，具栗色的胸环，两胁栗色。雌鸟：头部为黄褐色或棕褐色，具褐色纵纹。

生活习性：栖息于平原的杂木林、灌丛和沼泽草甸中，也见于低山的山麓及开阔田野。迁徙时成群并与其他鹀类混群，但冬季常单独活动。主要以草籽、谷物为食。

分布状况：分布于黑龙江、吉林、辽宁、北京、天津、河北、山东、河南、山西、陕西、内蒙古、宁夏、甘肃（南部）、新疆（西部和北部）、云南（南部）、四川、重庆、湖北、湖南、安徽、江西、江苏、上海、浙江、福建、广东、广西、香港、澳门、台湾。在闪电河湿地见于全年。

张岩/摄

鹀科

苇鹀

学　名：*Emberiza pallasi*

英文名：Pallas's Bunting

形态特征：体长13～15厘米。雄鸟：头顶、头侧、颏、喉黑色；自下嘴基沿喉侧具1条白带，往后与胸侧相连，并在颈侧向背部延伸形成白色颈环；背及肩均黑色且具窄的白色及皮黄色羽缘，腹部乳白色；翼上小覆羽灰色，中覆羽及大覆羽黑色，具棕色或栗皮黄白色羽缘。雌鸟：头顶及枕沙皮黄色或褐色，具细的暗色纵纹；眉纹及颊纹白色，耳羽褐色；背皮黄色，具黑色纵纹；腰及尾上覆羽灰色或棕灰白色，具暗色羽干纹；腹部白色，喉侧及前胸，具褐色或锈褐色纵纹；两胁具褐色纵纹，其余部位和雄鸟相似。

生活习性：栖息于疏林、林缘、灌丛、溪流、芦苇沼泽。繁殖期间成对或单独活动，其他季节多成3～5只的小群。主要以芦苇种子、杂草种子为食，也吃昆虫。

分布状况：分布于黑龙江、吉林、辽宁、北京、天津、河北、山东、河南、山西、陕西、内蒙古（东部）、贵州、湖北、湖南、安徽、江西、江苏、上海、浙江、福建、香港、台湾。在闪电河湿地见于全年。

鹀科

红颈苇鹀

学　名：*Emberiza yessoensis*

英文名：Japanese Reed Bunting

形态特征：体长13~15厘米。嘴黑褐色。雄鸟：整个头、颏、喉黑色，后颈、腰和尾上覆羽栗色或棕红色；背、肩黑色而具长的栗色纵纹，下体白色，两胁有棕色纵纹。雌鸟：头褐黑色，下体污白色，胸和两胁微沾褐色。

生活习性：栖息于溪流、河谷、湖泊、海岸附近的灌丛、草地和芦苇沼泽，越冬在沿海沼泽地带。常成对或单独活动，迁徙期间和冬季亦见成6~7只或10余只小群。主要以禾本科植物种子为食，也吃昆虫。

分布状况：分布于黑龙江（南部）、吉林、辽宁、北京、天津、河北、山东、内蒙古（中部）、湖北、湖南、江苏、上海、浙江、福建、广东、香港。在闪电河湿地见于全年。

张岩/摄

陈明/摄

陈明/摄

陈明/摄

鹀科

黄胸鹀

学　名：*Emberiza aureola*

英文名：Yellow-breasted Bunting

形态特征：体长14～15厘米。雄鸟：头顶及背部栗色或栗红色，额、头侧、颏、喉黑色；胸、腹部黄色，胸具栗色横带，两胁具栗褐色纵纹；翼黑褐色，翼上具白色横带和白色翼斑；腰及尾上覆羽栗红色，尾黑褐色，外侧两对尾羽白色。雌鸟：背部棕褐色或黄褐色，具粗拙的黑褐色纵纹；眉纹皮黄白色，腹部淡黄色，胸无横带，两胁具褐色纵纹；大覆羽具灰褐色端斑并形成2道淡色翼斑。

生活习性：栖息于低山丘陵和开阔平原地带的灌丛、草甸、草地和林缘地带。繁殖期间常单独或成对活动，非繁殖期则喜成群。主要以植物性食物为食，也吃昆虫。

分布状况：除西藏外，见于各省。在闪电河湿地见于全年。

保护级别：国家一级重点保护野生动物。

陈明/摄

鹀科

栗鹀

学　名：*Emberiza rutila*

英文名：Chestnut Bunting

形态特征：体长13～15厘米。雄鸟：头部、喉、颈、上体、尾上覆羽栗棕色或栗红色；胸、腹灰黄色；翼、尾黑褐色，翼上覆羽及三级飞羽具灰白色羽缘。雌鸟：颏、喉皮黄白色或黄白色；眉纹淡黄褐色，背部棕褐色或橄榄褐色具暗色纵纹；腰及尾上覆羽栗色，胸腹淡黄色具暗色纵纹。

生活习性：栖息于较为开阔的稀疏森林中，也出现于林缘和农田地边灌丛草地。除繁殖期间成对或单独活动外，其他季节多成小群活动。主要以植物性食物为食，也吃昆虫。

分布状况：除青海、西藏、海南外，见于各省。在闪电河湿地见于全年。

张岩/摄

鹀科 / 芦鹀

学　名：*Emberiza schoeniclus*

英文名：Reed Bunting

形态特征：体长15～17厘米。雄鸟：头、颏、喉黑色，从嘴角沿喉侧具1条白纹；后颈具白色领环，向胸延伸与腹部白色及喉侧白纹相连，后颈羽缘沾灰色；背及肩红褐色或栗皮黄色具宽阔的黑色纵纹，腰亮灰色，腹部白色；翼及尾黑褐色，翼上小覆羽栗色。雌鸟：头棕褐色或褐色，眉纹白色；后颈无白色领环或领环不显，颏及喉白色微沾褐色；其余部位同雄鸟相似。

生活习性：栖息于低山丘陵和平原地区的河流、湖泊、草地、沼泽和芦苇塘等开阔地带的灌丛与芦苇丛中，及高原沼泽草地和灌丛。多结群生活。主要以植物性食物为食，也吃昆虫等节肢动物和软体动物。

分布状况：分布于黑龙江（南部）、吉林、辽宁、河北、北京、内蒙古（南部）、江苏、新疆、青海、陕西、甘肃、宁夏、天津、山东、山西、湖南、江西、上海、浙江、福建、广东、广西、香港、澳门、台湾。在闪电河湿地见于全年。

鹀科

白头鹀

学　名：*Emberiza leucocephalos*

英文名：Pine Bunting

形态特征：体长17～19厘米。雄鸟：具白色的顶冠纹和紧贴其两侧的黑色侧冠纹；耳羽中间白而环边缘黑色；头余部及喉栗色而与白色的胸带成对比。雌鸟：色淡而不显眼，区别在嘴具双色，体色较淡且略沾粉色而非黄色，髭下纹较白；虹膜暗褐色；嘴角褐色，下嘴较淡，上嘴中线褐色；脚粉褐色。

生活习性：栖息于低山和山脚平原等开阔地区，在林间空地、林缘疏林、灌丛、山边稀树草坡、果园、农田地边、溪流、水塘公园和村舍附近的树上活动。繁殖期间常单独或成对活动，非繁殖期间多成数十只的小群，多者达30余只。主要以植物性食物为食，也吃昆虫。

分布状况：分布于北京、河北、河南、山西、陕西、内蒙古、辽宁、吉林、黑龙江、宁夏、甘肃、青海、新疆、湖南、安徽、江苏、香港、台湾。在闪电河湿地见于4～10月。

杨德森/摄

陈明/摄

张岩/摄

张岩/摄

鹀科

栗耳鹀

学　名：*Emberiza fucata*

英文名：Chestnut-eared Bunting

形态特征：体长15～17厘米。雄鸟：额、头顶、枕、后颈灰色，具黑色羽干纹；喉两侧和上胸具由黑色斑点组成的黑带，两端与黑色髭纹相连，形成一"U"形斑，其下有一栗色带；颊、耳羽栗色；上背褐色，具粗纵纹；肩、下背至腰栗色，腹部白色或皮黄白色。雌鸟：与雄鸟相似；但上体较褐色而少栗色，胸部黑色斑点较小而少，与黑色髭纹不相连结。

生活习性：栖息于低山、丘陵、平原、河谷、沼泽、灌丛。繁殖期间多成对或单独活动，非繁殖期常成3～5只的小群或家族群活动在草丛中。主要以昆虫为食，也吃植物性食物。

分布状况：除新疆、青海外，见于各省。在闪电河湿地见于全年。

索 引

中文名称索引

P

Q

S

T

W

X

Y

Z

拉丁学名索引